典雅生活

茶·禪

马守仁 / 著

北京大学出版社
PEKING UNIVERSITY PRESS

图书在版编目（CIP）数据

茶·禅 / 马守仁著. — 北京：北京大学出版社，2021.1
（未名·典雅生活）
ISBN 978-7-301-31789-1

Ⅰ. ①茶… Ⅱ. ①马… Ⅲ. ①茶文化 – 中国 Ⅳ. ①TS971.21

中国版本图书馆CIP数据核字(2020)第201721号

书　　名　茶·禅
　　　　　CHA · CHAN
著作责任者　马守仁 著
丛书策划　杨书澜
责任编辑　闵艳芸
标准书号　ISBN 978-7-301-31789-1
出版发行　北京大学出版社
地　　址　北京市海淀区成府路205 号　100871
网　　址　http：//www. pup. cn　新浪微博：@ 北京大学出版社
电子信箱　minyanyun@ 169. com
电　　话　邮购部 010-62752015　发行部 010-62750672
　　　　　编辑部 010-62750673
印 刷 者　北京九天鸿程印刷有限责任公司
经 销 者　新华书店
　　　　　787毫米×1092毫米　A5　7.875印张　160千字
　　　　　2021年1月第1版　2021年1月第1次印刷
定　　价　68.00元

目录

目

录

自 序

茶禅慢生活

古人修禅，入禅堂前先劳作三年，或挑水，或舂米，或劈柴，或种菜，早晚课修习，三年后才有资格进入禅堂参禅听经。今人只看见古人悟道后的风雅，却不知其参禅时的艰辛。唐代六祖惠能大师，初到黄梅参拜五祖，五祖令惠能在碓坊作务，“遂发遣惠能令随众作务。时有一行者，遂差惠能于碓坊，踏碓八余月”。“（五）祖潜至碓坊，见能腰石舂米……乃问曰：‘米熟也未？’惠能曰：‘米熟久矣，犹欠筛在。’祖以杖击碓三下而去。惠能即会祖意，三鼓入室。祖以袈裟遮围，不令人见。为说《金刚经》，至应无所住而生其心，惠能言下大悟，一切万法，不离自性。”（敦煌写本《六祖坛经》）。碓坊是寺院里舂米的场所，当时五祖座下有一千多人，碓坊作务很辛苦。八个多月之后，五祖亲到碓坊接引惠能，并加以印证，六祖此时才真正领悟到禅悦之味。

唐代灵云志勤禅师在大沩山见桃花而悟道，有偈曰：“三十年来寻剑客，几回落叶又抽枝。自从一见桃花后，直至如今更

（明）仇英《桃源仙境图》

不疑。”沩山灵佑禅师看到诗偈后赞叹说：“从缘悟达，永无退失”（《潭州沩山灵佑禅师语录》）。灵佑禅师所说的“缘”，就是禅僧悟道之前的艰苦修行。见桃花悟道固然优美，但如果没有之前三十年的苦修，何来今日之风光呢？“三十年来寻剑客，几回落叶又抽枝”，是说其参访过程的艰辛；“自从一见桃花后，直至如今更不疑”，此时因缘成熟，不要说看到桃花，即使看到一朵篱落之花也会开悟。此时才领悟到禅悦之味。

禅门里还有个“香严击竹”的公案，也是专讲此事的。

香严智闲禅师是百丈怀海禅师的弟子，学通三藏，知识广博。百丈禅师圆寂之后，他就到师兄沩山灵佑那里继续参禅修道。有一天，灵佑禅师对他说：“师弟啊，我听说你在先师处问一答十，问十答百，很是了得。我现在想问你个问题，你要老实回答：还没出娘胎时的本分事，你试着说一句吧！”香严想了好半天，说出几句答案来，但都被灵佑禅师否定了。香严说："那就请师兄说说吧。"谁知灵佑禅师却拒绝了，说："我不能告诉你。因为我告诉你的答案，依然是我的所见，和你毫不相干。如果我现在告诉了你，你将来会后悔的，甚至还会埋怨我呢。"香严听了这番话很沮丧，于是辞别了沩山灵佑，外出参访。有一天他来到南阳，参访惠忠国师遗迹。然后到一处茅庵栖身，春耕秋收，农禅并重，以期早日悟道。有一天早斋后他扛着锄头到地头劳作，干活的时候随手将一块碎石扔到田埂上，那石块恰巧打在一根竹竿上，发出清脆声响。香严愣了一下，突然就省悟了。他放下锄头，冲回寮房，沐浴焚香，向着沩山方向遥遥叩拜，说："师兄啊，你实在是慈悲至极，你当时如果对我说了，哪有我今天开悟的喜悦激动呢！"开悟的时节因缘到来了，一声鸟鸣，一声竹响，甚至一声木铎振响，都是助缘，都能豁然领悟。也就是灵佑禅师说的："从缘悟达，永无退失。"后人颂香严悟道公案说："放下身心如敝帚，拈来瓦砾是真金。蓦然一下打得着，大地山河一法沉。"

宇治黄檗山万福禅寺

禅宗是直指人心的修行法门，正如宗门所标榜的："教外别传，不立文字 。直指人心，见性成佛。”真正领悟了，就永无退失，此时行住坐卧，无不是禅。此时无论搬柴运水还是烧水点茶，无不是道，无不是禅。正如古德所说：“行亦禅，坐亦禅，语默动静体安然。”（永嘉禅师《证道歌》）

我们看古代一些禅师，他们觉悟后往往会找一个亭子，煎茶施于路人。这就是在帮助他人一起成就。唐代赵州从谂禅师，年纪老大还要外出参访。后人写诗说：“赵州八十犹行脚，只为心头未悄然。及至归来无一事，始知空费草鞋钱。”其实赵州古佛哪里是参访啊，他是在教化世人，给大家做榜样：修行是一生的事情，需要不断修习，才能最终获得圆满。

茶道形成于唐代初期。唐人封演《封氏闻见记》“饮茶”条记载：“（茶）南人好饮之，北人初不多饮。开元中，泰山灵岩寺有降魔藏师，大兴禅教。学禅务于不寐，又不夕食，皆许其饮茶。人自怀挟，到处煮饮，从此转相仿效，遂成风俗。”泰山降魔藏禅师首次将民间煎茶引入禅门，帮助禅僧修习。此后百丈怀海禅师首制禅寺清规，将当时社会上流行的煎茶法纳入禅门礼仪，称为禅寺煎茶礼仪，后人尊之为“百丈清规”或“古清规”。首次提出“茶道”概念的是与百丈怀海禅师同时代的湖州皎然禅师，他在《饮茶歌诮崔石使君》诗中歌咏道：“孰知茶道全尔真，唯有丹丘得如此。”

此后陆羽撰写《茶经》十篇，从茶叶种植、采摘、制茶、煮茶、器具、茶文化、茶历史以及茶产地等各个方面对唐代煎茶道作了总结。《封氏闻见记》总结说：“楚人陆鸿渐为《茶论》，

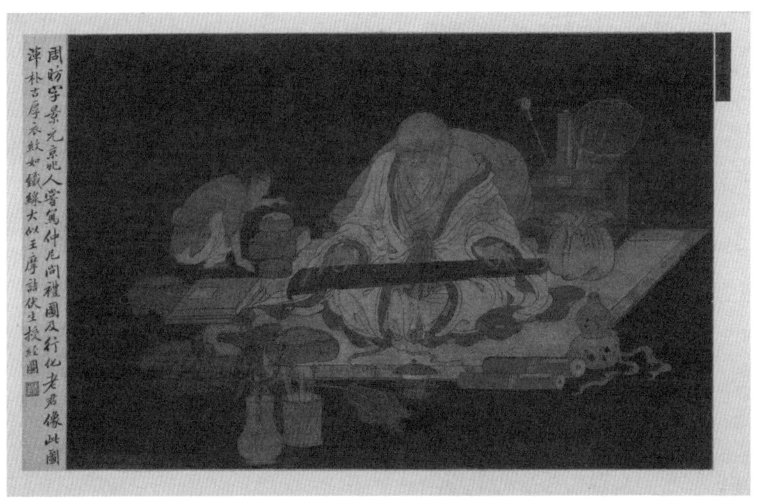

（唐）周昉《老子玩琴图》（明人摹）

（明）陈洪绶《林亭清话图》扇面

（明）陈洪绶《蕉荫丝竹图》

说茶之功效，并煎茶、炙茶之法，造茶具二十四事，以都统笼贮之。远近倾慕，好事者家藏一副。”陆羽《茶经》出现在百丈禅师制定禅寺清规之后，是当时世俗社会饮茶方法的归纳总结，至于禅门茶礼并未收录，仍存于古清规之中。到了中唐时期茶风禅风并行，形成了“寺必有茶，僧必饮茶”的茶禅风尚。赵州从谂禅师住持观音禅院时，以一句“吃茶去”法语接引四方学僧，从此茶禅之风弥布丛林。进入北宋，长芦宗赜禅师汇集当时各个禅寺寺院清规，予以删节修订，取名《禅苑清规》，禅寺茶汤礼仪形成固定规式，影响后世；此后又随点茶道一起传入日本，形成日本茶道。

茶不仅是大自然赐予

人类的一种物质饮料，更是一种精神饮品，有着深厚的历史文化传承在其中，已经从普通的植物属性，上升到人文艺术乃至道德精神的高度，甚至达到一种“禅境”。武野绍鸥曾说：“只要茶汤不凉，我愿意终日面对。”所以茶既有自然属性，也有文化属性。茶汤虽有四相：“茶汤的色泽、滋味、香气、气韵，称作茶汤四相”（《冷香斋煎茶日记》），但更多的还是人文精神属性，以及历史文化传承。茶道并非仅仅指煎水烹茶本身，而是要通过煎水烹茶的过程，收束身心，最终达到“茶禅一味”的境界，在茶汤中获得解脱，领悟禅悦之味。这种以茶悟禅的方法，我称之为“茶道修持”（《冷香斋煎茶日记》）。茶道修持是茶人藉茶悟道的便捷途径，是当前社会环境下领悟禅意的方便法门。现代人可以通过茶道修习，涤荡心智，澡雪精神，完善人格学养，使个体生命的光辉和人格尊严得到展露。

生活不仅要有雅意，还要有志向。《论语》里说：“志于道，据于德，依于仁，游于艺。”志于道，就是要以追求至道为人生重要目标，然后据德依仁，徜徉乎艺能之中，随缘度日，任意逍遥。志于道，是人生最高的精神享受。茶道修持是方法，藉茶悟道，最终领悟一碗茶汤里的禅悦之味。所谓禅悦之味，就是达到禅悟的境界。通过茶道修习，直入白露地，茶禅一味，禅净一如。白露地即是茶庭，是茶人修习的道场。通过烧水点茶这样的茶事活动，使身心得到净化，精神得到升华，领悟一碗茶汤里的禅悦之味。

我们现在提倡茶禅慢生活，其实就是一种雅意生活，一种有志趣的生活。它以茶道修习为通途，以领悟禅意为宗旨，使自我生命和人格得到升华。

禅意是什么？无法用语言来表述。宗门所谓的“开口便错，动念即乖”就是这个道理。但是我们可以通过煎水瀹茶的方法，通过焚香插花的方法，将禅意展示出来，让更多的人来品饮，来学习，来领悟。禅在哪里？就在眼前这一碗茶汤里！就在这一炉香烟里！就在这一瓶插花里！这是多么直截了当的一个方法啊，值得大力提倡!

茶禅慢生活是一种生活方式，世间的生活方式有很多种，有几个人能选择茶禅生活呢？过茶禅生活要具备智慧，要有善缘。

我们今天提倡茶禅慢生活，就是要将禅的志趣和雅意落实在日常生活中，“苟日新，日日新，又日新”（《礼记·大学》），不断修正自己固有的观念和言行，最终领悟一碗茶汤的禅悦之味。如果真能如此，则无处不是茶，无处不是禅。

禅是一枝花，开放在我们每个人心头，只可意会而不可言传。禅在哪里？禅就在生活里，就在茶碗里，就在一炉香里，就在一瓶花里，就在一炉香烟里，就看你能不能去领悟了。

禅是一枝花，远离世俗生活，但又不离于世俗生活。这就需要我们通过茶道修习的程序、动作、器物把禅意表现出来，从而使个体生命得到圆满。

在茶汤中觉悟禅意，在生活中领悟雅意，这就是茶禅慢生活。

第一部

茶语

（元）钱选《山居图》

过清贫生活

今天雨水节气。想起日本曹洞宗良宽禅师的诗：

生涯懒立身，腾腾任天真。
囊中三升米，炉边一束薪。
谁问迷悟迹，何知名利尘？
夜雨草庵里，双脚等闲伸。

细细读来，心中充满温馨。生而为人，生活在这个尘世之间，所需其实并不是很多。有粗布衣裳可以蔽体，有简单饭蔬可以果腹，有一间茅草屋可以遮蔽风雨，身心安稳，就已经很富足了。何况囊中有米，灶边有柴，几上有茶、有书，夜雨菲微，清寒入室，伸长双脚躺在破败草屋里，听雨声淅沥，诵古德诗偈，与世无争，与人无求，还有什么能比这样的清贫生活更让人心生欢喜呢？

良宽禅师（1758—1831）一生，住草庵，行乞食，过着孤独清贫的禅隐生活。在旁人看来似乎穷困不堪，可禅师却是快乐无比。他始终保有着一颗童心和满怀慈悲，在乡野山林间践行着佛陀的教诲，修行着自己的道业。他是影响日本最为深刻的禅僧之

（明）宋旭《罗汉图》

一，不是因为他有什么伟大的著作或者高深的言论，而是因为他能身体力行，将禅宗教理落实到个人修行生活中，并影响他人，潜移默化，仿佛春夜细雨，沁润着这片干涸的土地。

“若知足，虽贫亦可名为富；有财而多欲，则名之为贫。”这是日本作家中野孝次《清贫思想》一书中的一段话，也是对良宽禅师一生禅修的总结。所以清贫不单指生活所需匮乏，还包括精神生活的贫瘠。老子《道德经》第三十三章有“知足者富”一统，王弼注解：“人能知足之为足，则长保福禄，故为富也”。中国古德也说：知足者常乐。知足，衣食住行能满足正常生理需求即可，若再有所求，就是贪欲了。生活上的贫困并非真的贫穷，如果精神上也陷入贫困，那就是真正的贫穷了——迷失了真心本性、才是这个世界上真正的贫穷之人。

“过清贫生活，重建人格尊严”（《岭上多白云——南山如济的茶隐生活》）是我多年来一直提倡的生活理念。过清贫生活并不难，难的是放下身心，使自我人格在清贫生活中得到锻炼和升华。清贫生活所需无多，一瓢水、一箪食、一囊米、一束薪，如此而已。而精神的负累却很难放下，需要艰苦修行。只有放下我们目前所拥有的，无论是生活上的，还是精神上的，才能真正得到解脱。

人的生命之所以多姿多彩，是因为在基本生理需求外，还有宗教、哲学、文化、艺术、道德、伦理等精神层面的沁润和坚守，使生命得到升华，使人格尊严得到维护。没有尊严的生命是卑微和可耻的，《礼记》里引用孔子的话说：“饮食男女，人之大欲存焉”，饮食男女，就是人类生命的基本需求。除此以外，“仁、义、礼、智、信”是人类的精神需求。在一个成熟的社会里，两者相辅相成，不可或缺。

清贫生活理念在当下显得尤其重要，不仅因为经济危机所带来的物质匮乏，更因为人类精神的虚无和贫瘠。随着后工业时代的到来，这样的问题会越来越突出。解决之途，除了社会环境改

善和加强教育之外，提倡清贫生活理念也是一个很好的方式。只有精神上的富足才是真正意义上的富足。

目前社会上铺张浪费之风盛行，特别是一些权贵暴富之家，最喜欢攀比显耀；这种炫耀浮夸之风甚至扩展到了国外，豪车、豪宅四处炫耀，影响极其恶劣。反而是传统的书香门第，懂得节俭惜福，处世待人尤其低调，赢得人们的认可和尊敬。所以提倡清贫生活理念，不仅符合当下国际社会的“普世价值”，也是中华民族传统文化精髓所在，值得我们深思。

“清贫，即是选择最简单朴素的生活来表达自己的思想。”（中野孝次《清贫思想》）良宽禅师的“夜雨草庵里，双脚等闲伸”就是这样一种生活方式。再如中国唐代仰山慧寂禅师诗偈

南山亭

山窗

山居料理

“滔滔不持戒，兀兀不坐禅。酽茶三两碗，意在镢头边”（《五灯会元》），晋代陶渊明《归田园居》诗句“众鸟欣有托，吾亦爱吾庐。既耕且已种，时还读我书”等，传递的都是同样的生活理念。

清贫生活仿佛一面镜子，能照见芸芸众生的本来面目。是否真的放下了？是否真的不再贪恋了？是否真得如同良宽禅师、仰山慧寂禅师以及老子、陶渊明那样知足常乐、修养道德学养，看看我们目前的生活状态也就清楚了。仔细说来，烦恼和执着都是因为我们对于身边这个世界未能彻底放下的缘故，还有贪恋，还有企求，甚至还有贪欲，只能越陷越深，最终沦落为贫穷之人。

清贫生活仿佛一片白云，独自往来于山林大地间，自由自在，了无牵挂。又仿佛一阵风，一霎雨，风吹草绿，雨润木长，滋养着大地山河。

“过清贫生活，重建人格尊严。”真的能够将这样的理念落实到自己的日常生活中，就会像良宽禅师那样，自由自在，得到解脱。

泥灶

春雨慢吃茶

三月和风满上林。牡丹妖艳直千金。恼人天气又春阴。

为我转回红脸面。向谁分付紫檀心？有情须殢酒杯深。

这是宋代著名词人晏殊的《浣溪沙》词，是说初春风光的。其中“恼人天气又春阴”一句，半喜半嗔，欲颦还笑，读来耐人寻味。初春时节，乍暖还寒，特别是花朝节过后，雨水渐渐多了起来，还未到“牡丹妖艳直千金”的暮春时节，但伤春的情怀渐渐浓郁，欲罢不能。

一早天色就有些阴沉，到了午前寒意渐起，一个人独坐茶室，颇觉清冷。于是将地炉火种点燃，感觉温暖了许多。

每年春天必定会有倒春寒。山阴石罅间的积雪还没有完全消融，溪涧里的流澌也没有彻底解冻，冲寒破土的草叶树芽蜷缩着头尖，瑟缩了手足，似乎也在畏惧一场不期而遇的倒春寒呢。这大概就是大自然的“法则”吧，如同黎明前的黑暗，让人警觉。然而就像光明必定会击溃黑暗一样，春天也一定会到来，冰雪消融，大地回春，又是一片欣欣向荣的春天景象。

［日］法眼一信《五百罗汉图》

用罢午斋，窗外响起淅淅雨声。揭起苇薕观看，远山近岭已被雨雾缠裹，云烟飘动，雨丝交织，洒落在翠竹枯枝上，发出沙沙声响。“好雨知时节，当春乃发生”，杜甫的《春夜喜雨》写春雨，喜悦之情跃然纸上。此时最宜一盏茶汤吧，在春雨中感受茶汤的温暖和雅意。

山居简易，所用器具也很简略，茶几、蒲团、炭炉、砂铫等都是提前备好的，仅需准备冲罐、啜瓯、残水盂、茶巾而已。先

（明）杜堇《玩古图》

从地炉里夹出火种，放在炭炉里，再添几块木炭，用蒲扇扇旺了，将砂铫坐上去，开始煎水烹茶。水取自茶亭旁溪涧，还带着一层薄薄的冰澌，似乎将春天的滋味也带进了茅棚。茶是年前香港弟子如萍寄来的一小罐台湾乌龙茶冬片，用来破除春雨清寒最为适宜。水烧好后温烫冲罐、啜瓯，接着投茶，冲瀹茶汤。冲瀹台湾乌龙茶水温不能过高，控制在90°就可以了。先冲入约五分之一开水，浸润茶叶，接着冲水至七分满，浸泡约一分钟左右，出汤品饮。

（唐）周文矩《松下仕女图》（明人摹）

茅棚外春雨潇潇，茶室内茶香四溢。此时无思无虑，万缘放下，一个人盘腿而坐，静静享用一碗茶汤的滋味。茶汤香气淡雅，滋味也很淡雅。二水时茶汤滋味饱满，香气深长，这是冬茶和春息结合在一起的幽雅味道，淡淡的，幽幽的，充满活力。直至六水，茶汤香韵俱不稍减。

今天饮茶特意准备了香供。平时在城里都用末香或者合香，是我依据古法亲手合成的。末香、合香不可以直接焚烧，

山窗

要放置在香炉里熏烤以出香气。灰里预先埋了烧红的香炭，灰面打了香筋，架了薄银叶，炭火的热量透过火窗，经过薄银叶的阻隔，火力已变得温和，漫漫熏烤香品，静静释放那一缕恬然沉静的香云。

居于山林，凡事皆以简朴为主，烧香点茶，挂画插花，乃至穿衣吃饭、行住坐卧等，一切皆宜从简。今天香供用线香，将线香点燃后插在一节竹筒香炉里，虽然不免有些烟火气，但恰恰是

千竹庵春雨

那一缕氤氲的青烟，似乎更有意味，更能引人遐思。

插在陶瓶里的一丛竹枝依然翠绿，炉烟掩映着翠竹，伴着茶汤，给这简陋茅舍增添了一丝暖意和雅意。

焚香烹茶一直是中华民族传统文化的一部分。南宋俗谚有云：烧香点茶，挂画插花，四般闲事，不宜累家。所谓闲事，就是闲雅之事，看似无关经济民生，但对于人格养成以及学识学养培育则尤其重要。人生于天地之间，除了衣食住行这些基本需求

山居饮茶、焚香

外，道德学养以及文艺修养的养成尤其重要。

南宋诗人杨万里有《雨寒》诗五首，其中一首写道：“补尽窗棂闭尽门，茶瓯火合对炉熏。中庭浅水休教扫，正要留看雨点纹。”（《二月一日雨寒五首》）春寒料峭，春雨潇潇，诗人于是关闭了门窗，独自在书斋中烹茶焚香。庭院中积攒的雨水也不要扫去，要留着看雨珠洒落时激起的一圈圈涟漪呢。

稼轩居士的《定风波·暮春漫兴》读来尤其有味：

少日春怀似酒浓，插花走马醉千钟。老去逢春如病酒。唯有，茶瓯香篆小帘栊。卷尽残花风未定。休恨，花开元自要春风。试问春归谁得见？飞燕，来时相遇夕阳中。

稼轩此词为闲居带湖时所作。壮士晚年，暮春小唱，看似漫不经意的兴到之作，寄托却很深沉。以上阕的少年春意狂态，来反衬下阕老来春意索然之情，形成鲜明对比。世事如梦，人情淡薄，唯有在茶瓯香篆中消闲度日，聊消胸中块垒。

黄昏时分雨似乎更大了。山林沉寂，风雨飘摇，茅棚独坐，只听见一片潇潇雨声。就让雨声随风入夜、入梦，给久已干涸的心田带来春雨的滋润吧。

山居茶室

秋雨煎茶

秋雨寥萧重掩関，炉香一炷破孤寒。
茶汤熟后须止静，越碗分来且从宽。
三饮应知个中味，微甘小苦只清欢。

桂月二十六日，阴，雾雨。傍晚忽然一阵急雨，如快刀剃头，溽热尽除，清凉透顶。入夜后雨渐渐停了，礼佛毕，读诵永明延寿禅师《山居诗》数首，一夜好睡。

黎明时忽然觉醒，只听得纸窗外风雨声大作，如飘风，如石瀑，如松涛，如竹鸣，声势浩大。于是披衣出户观看，原来并没有起风，只是雨势稍猛而已，不会影响茅棚安危。夜雨潇潇，雨雾沉沉，抬眼望去，天地间似乎只有这一间小茅屋，茅屋外似乎只有这漫天雨声。我从厨房拿出三只干净水盆，放到庭院当中草地上，用来接取雨水。

古人煎茶，最注重取水，以天落水为第一。天落水即雨水，又以秋雨最佳。明人屠隆《茶说·择水》有云："天泉，秋水为上，梅水次之。秋水白而洌，梅水白而甘。甘则茶味稍夺，洌则

（明）宋旭《罗汉图》

茶味独全，故秋水较差胜之。”屠赤水此语最为有味，也最得煎茶三昧。当今社会，环境污染严重，城镇雨水不可饮用。山林虽然也受到污染，但相对要清净许多，雨水、雪水时时可以取用。不接雨头，不收雨尾，只取中间一节，最为清雅洁净。今天午睡起来用这样的雨水煎茶，想来一定清况无比吧。

重新躺回温暖的床铺上，心里充满感恩之情。雨声中传来阵阵蟋蟀悦耳的鸣叫声。这样的大雨之夜，它们躲藏在砖石瓦砾下，只要有一小块干燥洞穴栖身，就会快乐歌唱。

相比这些大自然的弱小生命，我们拥有太多东西：有干净温暖的床铺，有储藏丰富的粮食，柴棚里劈柴成垛，菜地里蔬果累累，茶室里有炭炉、有砂铫，有来自名山大川的各种珍稀茶叶。风雨无碍，衣食无忧，说起来真是多生累劫修来的福报呵。

佛经里叫我们报四重恩：父母恩，国土恩，众生恩，佛法恩。这是真实语，我们应该时时自省。我们生活在这个世界上，从住房、衣服、饮食、交通、通信，到柴米油盐等，都是社会上各阶层人员共同辛苦劳作的结果。所以无论生活多么清苦，都应该常怀感恩之情。

古语有云：知足常乐。《老子》里说："祸莫大于不知足，咎莫大于欲得。"一切有情众生痛苦和烦恼的根源，就在于不知足，就在于内心的贪欲。这在佛教称作"三毒烦恼"，是人生一切忧患痛苦的根源。孔夫子称赞弟子颜回说："贤哉，回也。一箪食，一瓢饮，在陋巷，人不堪其忧，回也不改其乐。贤哉，回也。"颜回所以快乐，是因为他没有贪欲，知足常乐。这些古圣先贤的教诲值得我们终生铭记。

"草积不除，时觉眼前生意满。庵门常掩，勿忘世上苦人多。"这是民国高僧弘一法师书写的一副对联。人生于世，除了自己的生活之外，更应该关注他人、关注一切有情生命，将清贫生活的理念落实在自己的日常生活中，为他人作演示。关注他人生命的最好方式就是让大家了解生命中的苦难和无奈，教他们坦然面对，最终得以领悟其中意蕴。

午斋简约，一菜、一汤、一饭而已。虽然清淡，吃起来却很香甜。午斋毕，稍稍休息，即开始煮水煎茶。

今天插花用了藤蔓和五味子，几块白石将之固定在瓦片上，稍稍做一些造型，即成茶席花供。白石清历，瓦片古旧，藤蔓碧绿婀娜，五味子鲜红饱

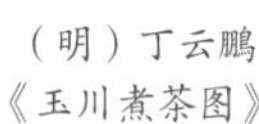

（明）丁云鹏
《玉川煮茶图》

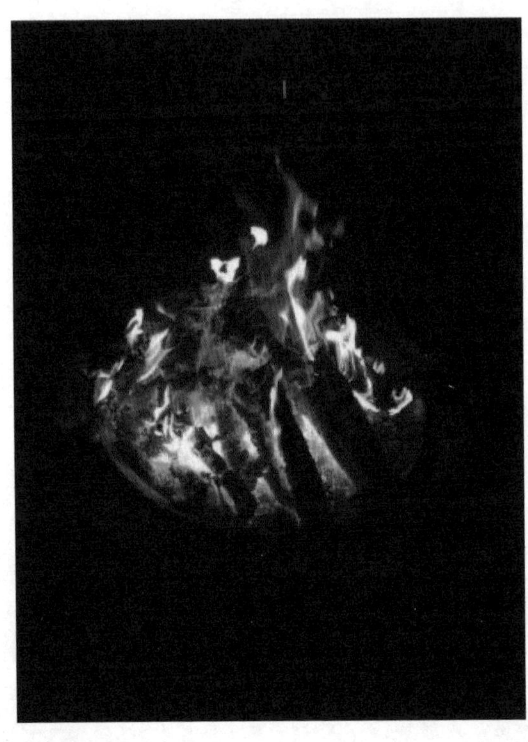
火盆

满，构成一幅古朴简素的清新画面。

炉火已炽，茶室里也变得温暖起来。雨水在陶罐里沉淀了一个上午，清洁甘洌，用竹勺将清水舀入烧水壶里约七分满，坐到炭炉上，然后开始备茶。今天煎茶用山南绿茶，茶芽细嫩，色泽墨绿，干茶嗅起来有一股山林幽壑间的清雅气息，很适宜雨水煎煮。

水近一沸时，提起茶铫注入茶碗少许沸水；近二沸时将茶叶拨入茶铫中，看着汤心微微翻滚，迅速将温水倒入，用以止沸；然后将茶铫提离炭炉，放到茶桌壶垫上，静待约半分钟，出汤品饮。

茶汤淡而白，香气清而幽，滋味隽永。一碗茶罢，茶息萦回，口舌生津，叹为稀有。

三碗茶毕，起身走出茅屋。庭院步石、草径间湿润新鲜，茶庭枯山水也因为雨水的浸润顿然有了生机。雨还在下，雨雾迷离。远山近岭笼罩在沉沉雨雾里，看不清本来面目。

我们的本来面目又有谁能看得清楚呢？我们整日沉溺在尘世间的欢乐和痛苦里，忘记了古圣先贤教诲，忘记了年轻时的抱负，忘记了季节轮回，也忘记了一碗茶汤的真实滋味，

临镜自照，不知何时，我们的面目变得平庸而可憎，眉宇间多了几分世故和无奈。这就是我们的本来面目么？

虫声透窗而入，带来一片清凉。泥炉里火光明亮，映着我洁

山居听雨

山居喫茶

净的衣衫。茶汤已凉，倒映在茶汤里的，是我清癯的面孔和两鬓苍苍。我提起茶铫，往茶碗里续了一些热汤，心里充满感激和温暖。在这样一个雨天，能独饮一碗茶汤，真是大自然丰厚的恩赐啊。

我喃喃自语着，双手端起茶碗，满饮而尽。

扫雪烹茶

今日小寒节气，与远道而来的扫雪、湘云茶友相约，前往终南山千竹庵扫雪煮茶。

气候冷肃，山道上积雪尚未融化，有些地方结了冰，踩上去

终南山烹雪饮茶

山中雪景

有一种悦耳的脆响。紫阁峰高耸云端，呈现出谦恭的轮廓。我们将车辆停放在山下寺院里，徒步而上，也就不到二十分钟路程，恰好活动了手脚，身体也感觉暖和了许多。

隔岸就是千竹庵了，坐落在峰峦积雪里，静谧而安详。

山林里大部分植物的枝叶已凋谢干净，山洼里仍有一大片松树林还在坚守着，点染出一方浓绿的风景。茅屋前竹林依然苍翠，但已然没有了夏秋间的清秀茂盛。

“岁寒，然后知松柏之后凋也。”孔夫子的教导总能穿越时间和季节，温暖人心。

山中雪景

敬茶礼仪

因为没有了树木遮掩，茅屋、草亭裸露在峰峦下，显得有些孤单。小径一如既往地蜿蜒着，雪地里有一行野犬的足迹。

河道布满大大小小的石块，残雪堆积。清澈的河水冲刷出一条宽阔水路，冲向悬崖下冻结的石潭。河岸边巨大的石根一直延伸到水底，给人一种刺骨的清冷感。

生火，汲泉。地炉里很快就火光熊熊，整个茅屋似乎也温暖起来。因为天冷，大家都围坐在茶室里，腿上裹着厚棉毯，炉火哔剥，竟然感觉不到户外酷寒。水已经烧开，先冲瀹一道武夷岩茶。记得上次饮茶已经是一个月前了，粗瓷公杯里残存的茶汤忘记清理，结了厚厚一层茶冰。我将滚烫的茶汤注入公杯，笑道：今天我们饮冰茶，一半是热茶，一半是茶冰，看看滋味如何？茶汤滋味很奇妙，一盏入口，舌面甘滑，令人欣喜无比。

然后冲瀹山南绿茶，茶香清幽，滋味柔和，有一种儒雅清冷的韵味。

茶点是芝麻胡饼，已经在铁炉上烤得松脆焦黄。用过茶点，铁釜里松风渐响，蟹沫徐生，茶囊里恰好有一小袋凤凰单枞，浸润后投入铁釜里煮，大约两分钟后出汤，入口醇厚，茶息深远，三盏饮罢，后背竟然感觉略有微汗。

虽然是小寒节气，阳光却意外地好。明媚的阳光漫过山峰，透过纸窗，映照在茶室里，明亮而朦胧，似乎能呼吸到峰峦山林清冷的气息。

茶室角落里的石灯笼也散发出朦胧光亮，衬托着茶盏里琥珀色的茶汤，幽深而温暖。

扫雪、湘云茶友此次专程从外地赶来，希望能了解有关茶道修习方面的事情。在当今这样浮躁的社会环境下，还有这样对茶道孜孜以求的人们，可谓难能可贵，其精神让人赞叹。

说起来惭愧无比，这些年来我个人虽然一直提倡茶道修习，

围炉喫茶

映雪烹茶

也写了不少文章，做过一些宣扬，但于实际行持却很荒疏，对于大家的提问和疑惑，只能就自己所知见，勉强予以解答。

茶道修习是一个大话头。如果说禅宗是出家人的“寺庙禅”，茶道修习就是在家居士的“在家禅”。茶道修习以茶为载体，通过烧水烹茶，最终领悟茶道真谛，达到“清、和、空、真”的境界。饮茶不仅仅是吸香啜味，更重要的是要透过汤色、香气、滋味、气韵这“茶汤四相”，破除内心执着，体味到茶汤的真实滋味。所谓茶汤真实滋味，简单地说，就是禅悦之味。

日本茶道宗匠利休居士在《南方录》中如是说：草庵茶要义，乃是依佛法修行得道为根本。又说："草庵茶就是生火、烧水、点茶、喝茶，别无他样……我终于领悟到搬柴汲水中修行的意义，一碗茶中含有的真味。"（滕军《日本茶道文化概论》）

今天大家来到千竹庵，汲山泉、燃炉火，蒲团趺坐，铁釜煎茶，大概也是茶道修习的一种体验吧。

茶道修习的关键是要生起恭敬心。不仅是对人的恭敬，更是对茶的恭敬，对茶器的恭敬，对茶事的恭敬。如果没有恭敬心，所谓茶道修习，只是一句"口头禅"而已，如人煮沙为饭，纵经无量劫，也不能为食。

茶道修习，除了生起恭敬心，禅修的训练也必不可少。茶道中的禅修训练，我们称之为茶禅共修。茶禅共修，就是要我们从茶道入手，以禅宗明心见性为归趣，由茶道直入禅境，茶禅不二，禅净一如，达到圆满无碍的茶禅境界。此时读颂灵云禅师"自从一见桃花后，直至如今更不疑"的偈子，才能有真实受用。所谓"原来只是旧时人，不改旧时行履处"，有一种似曾相识的感觉。

茶道修习，除了从理论上明了之外，还要在事项上用功，这样才能有所成就。所谓理，就是理论；所谓事，就是具体的修习过程。要达到这样的目的，就必须讲究方法。我一直强调："修习茶道，要从正坐入手，从折叠茶巾、抹拭茶碗入手"，这就是方法。不仅仅是技法的训练，还包括礼法、心法的训练，这一点要清楚。

如果我们真正发心修习茶道，就应该在日常生活中，在接人待物中，在起心动念处，时刻保持内心的空明澄澈，以恭敬心、喜悦心、慈悲心、平等心，对待每一天的茶事，真能如此，距离领悟茶道真谛也就不远了吧?

该回程了。阳光渐渐隐匿，远山近岭蜷曲在积雪里，望上去莽莽苍苍的，似乎正在酝酿另一场冬雪。

山风陡起，寒意袭人。行走在空寂山道上，心里却温暖依旧，茶汤的香味还蕴藉未散呢。

夜访草堂寺

和明泉兄相约，准备去草堂寺一趟。

今春干旱，许多地方春耕荒芜，甚至连饮水都成问题，情况让人揪心。关中地区情况尚好一些，时不时会降一些雨雪。前天听说又实施人工降雪，但效果似乎不大理想。气温很低，雪花时舞时停，并没有纷纷扬扬的感觉。中午用罢斋饭，看看窗外，稀稀疏疏的雪粒已经渐渐停息了。天气依然寒冷，不适宜出行。

“烹雪煮茶看来不行了，我们就在茶室里饮茶吧。”

我提议道。今天品饮一道武夷肉桂，2008年的春茶，到今年韵味恰好出来。煮水用老铁壶，水温高，水质软，冲瀹后茶香隐沉，滋味隽永，有着“岩骨花香”的感觉。两三盏下肚，通体透彻，后背也微有暖意。

饮茶到下午四点多，明泉兄和草堂寺方丈通了电话，说要过去看看。

草堂寺位于紫阁峪外一公里处，距离西安市约三十公里，是佛教三论宗祖庭，也是姚秦三藏法师鸠摩罗什译经的古道场，据

终南山草堂寺

称当时住僧八百，人才辈出，有什门四圣、八俊、十哲的说法。

千竹庵位于紫阁峪内，距离草堂寺约一公里。每次开车进山都要路过草堂寺。早年我曾将鸠摩罗什法师造像、拓片都请到山上供奉，以表达自己对大师的敬重。

鸠摩罗什（Kumārajīva，344—413），简称罗什，与真谛（499—569）、玄奘（602—664）并称为中国佛教三大翻译家，罗什则被后世尊称为“过去七佛译经师”。据历史资料记载，东晋后秦弘始三年（401），后秦高祖姚兴派人将罗什迎至长安，住逍遥园西明阁翻译佛典，由于译经道场以草苫盖顶，故得名“草堂寺”。

罗什一生译经不辍，共计七十四部三百八十四卷。其中如《妙法莲华经》《维摩诘所说经》《金刚经》《阿弥陀经》等都是我平日里喜欢持诵的经本。罗什一生命运坎坷，曾有熟悉鸠摩罗什的外国沙门说，罗什译出的经典，还不到他所精通的十分之一。

后秦姚兴弘始十一年八月二十日，鸠摩罗什圆寂，并于逍遥园火化。荼毘后得舌坚固子一

草堂寺

枚。恰好应验了他生前所发誓愿："如果我所传译的经典没有错误，愿我的身体火化之后，舌头不会焦烂！"

去年明泉兄曾陪同草堂寺住持谛性法师造访千竹庵，那天我有事恰好不在山里，未能招呼，深感歉意。今天天气虽然寒冷，还是决定陪明泉兄走一趟。

离开千竹庵，蹚过潺潺溪流，远远的，就已经看到草堂寺新修的藏经楼楼顶了。

谛性法师已在方丈室里等着，我少不得一番自责：前几次因缘殊少，过来时没有能拜见法师，今后少不得要经常来叨扰一番了。谛性法师很客气，说既然都是邻居了，欢迎经常走动。

明泉兄今年准备"退出江湖"，希望能安住在草堂寺里帮助谛性法师恢复"罗什译经院"。这里距离千竹庵很近，方便往来吃茶，看来因缘早早就定好了呢。

人世间的一切莫非因缘和合，我们所从事的所有事情，乃至在一个地方安住，乃至起心动念，莫非如此。佛经里说的“一饮一啄莫非前定”，大概也是这个意思吧？

说了会儿话，谛性法师领着我们参观了烟雾井、鸠摩罗什塔，又来到前任方丈宏琳老和尚的方丈室参观。2005年11月4日（农历十月初三），已退居静养的宏琳老和尚圆寂，享年88岁，僧腊64岁。火化后拣拾遗蜕,得骨、牙、舌、五脏等舍利子数百枚，特别是舌舍利，宛然如生。另有舍利花数十枚，鲜艳吉祥，令人感叹。这大概也是鸠摩罗什福泽恩惠所及吧，毕竟草堂寺是千年的古道场所在地。

天色阴冷，暮色黯淡，站在草堂寺法堂前，隐约能望见双峰

草堂寺千竹庵

草堂寺鸠摩罗什塔

草堂寺鸠摩罗什塔

草堂寺山门

草堂寺大殿

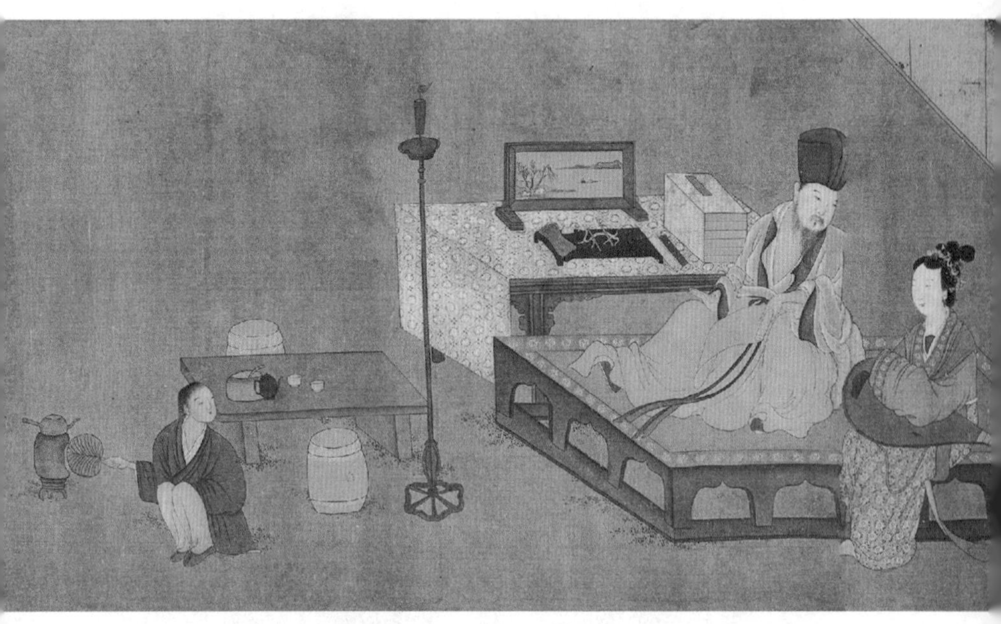

山的影子，千竹庵就坐落在双峰山下，此时看不到一丝踪影。

不知罗什在世时有没有到过双峰山下？千竹庵竹林溪涧里，可曾留有他清癯的身影？

心山育明德，流芳万由旬。

哀鸾孤桐上，清响彻九天。

据说这是鸠摩罗什写给沙门法和的一首五言诗，引自《出三藏记集》，是罗什存世十首诗偈之一。诗偈中的“哀鸾”不是指悲哀的鸾鸟，而是一种能发柔软和雅妙声的鸟类。哀鸾被佛教列为吉祥之鸟，佛经中经常用以譬喻佛音和佛法。《大哀经》中称佛法“其音随时柔软和雅，如哀鸾鸣，犹龙海吼，亦如梵声”。

（明）仇英《东坡寒夜赋诗图》

这里鸠摩罗什用哀鸾譬喻自己的品格，以弘扬佛法清音为其毕生目标。而“孤桐”则象征他所遭遇的逆境、非难和屈辱。

鸠摩罗什一生遭逢坎坷，历尽磨难，到了晚年事业才有所成就，其心绪感慨万千，通过这首诗偈得以显露。虽然自己一直在艰难困苦与孤独中度日，但佛法的妙音最终响彻宇宙之间。这首诗可以说是鸠摩罗什心态的表白，也是他一生译经弘法的真实写照。诗中所传递出的高远、深邃的思想境界以及伟岸人格，也成为激励后代佛子的动力。

临行时，从草堂寺请了一部《妙法莲华经》，影印手抄大字版，方便坐禅时读诵。

晚上九点多，我们驱车回程，草堂寺已渐渐隐入夜色中了。

赏樱时节瀹茶香

春水潆洄春绪长，山樱初放绛衣裳。
都篮茶盏山家事，箫管诗囊雅客装。
还忆山阴兰亭序，凭谁捉笔赋诗章？

每年上巳节南山流都会在世界各地举办茶汤花影活动，煎水烹茶，歌诗吟唱，临水修禊以祓除不祥，由此吹响南山流新春茶道修习号角。京都去年的活动地点选在贺茂川出云路桥下，那里有一个很大的木质平台，还有一间可用作“待合处”的半檐，平台上方一棵山樱花开如云，旁边一棵百年吉野樱更是繁花似锦。我们围坐在茶席上，前面是川流不息的贺茂川，一旁是熙熙攘攘的赏花人群；茶席下一方巨大的木质平台上，一群年轻人早上五六点就聚集在一起，饮酒赏春，现在大概已经困倦了，围坐在一起看日出。那次参加茶会的有十多人，大家一起欣赏茶挂，点茶、吃茶、吟诗，成为京都樱花季的一道风景，也成为茶人心中永久的回忆。

今年上巳节前一天，我出来选茶会的场地，看见出云路桥下樱花尚未开放，回想起去年茶会场景，依然历历在目。今年因为冠状病毒的缘故，不敢贸然邀请大家前来参会，去年雅会盛况今年已不可能再现，这大概就是日本茶人常说的“一期一会”的意义吧？茶人应该怀着此生不再有第二次茶会的心情，珍惜每一次茶会，珍惜当下欢聚，珍惜茶席上的茶盏、茶筅、茶碗、茶壶，珍惜每一位参加茶会的人。

今年上巳节就一个人出行吧，一个人的茶会虽然落寞，却很有诗意呢。

沿着纠之森向贺茂川方向而行，河流更加清澈，岸边草地也越加宽阔。这里是鸭川上游，高野川与贺茂川在纠之森汇合，向祇园方向流去。或许是今天气温升高的缘故，一夜之间樱花忽然开了许多，几乎每树樱花下都有人家设席，说起来京都人真的很喜爱樱花呢。出云路桥前的樱花也开放半枝，去年设席的木质平台上空无一人，或许是在等待我这个异国他乡茶

（明）文徵明《惠山茶会图》（局部）

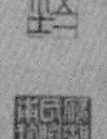

［日］菱川师宣　京都歌舞伎图屏风

人的再次光临吧？

布置完茶席已经下午一点多钟了，忽然抬头，满树樱花已然盛开，阳光从贺茂川对岸普照而来，春天真的到来啦！

用罢简单午斋，开始煎水烹茶。今天选用一款凤鸣红茶，韩国凤鸣山不二庵东初禅师手制，去年我前往韩国参访时禅师特意赠送的，放至今春，滋味气韵最佳。水用京都梨木神社染井水，昨天特意去汲取的新水。烹茶用昭和时代初期的常滑烧朱泥急须，茶盏用明治时代青花茶盏。户外因为不能使用明火，随行携带保温瓶装沸水，水温在85° 左右，用来冲泡红茶刚刚好。

第一盏茶汤奉给上巳节河神，感恩他守护山川河流。第二盏茶奉给樱花女神，祈愿她青春永驻。第三盏茶汤自饮。茶汤入口甘滑，滋味厚重，香气优雅，让人不觉追忆起去年秋天在韩国凤鸣山的茶聚时光。

午后阳光转向贺茂川对岸，我也收拾起茶篮，来到对岸一株巨大的樱花树下布置点茶席。预报明后两天都有雨，今天下午就将明天的点茶席也布置出来，陪伴樱花共度春光。

这是一株百年树龄的染井吉野樱，主干向上挺立，旁有长约十数米的枝干平斜而出，犹如一条蜿蜒青龙，横卧在堤岸草地上，繁花似锦，很壮观。吉野樱初开时花心绯红，盛开后转白，花蕊金黄，很美丽，是广受人们喜爱的樱花品种。我先在沙地上铺一层地席，然后铺茶席布。点茶用带有金、银箔的京烧茶碗，茶筅为高山茶筌，采用茶汤点茶法。

所谓茶汤点茶法就是将茶叶闷泡后出汤，用茶筅直接击打茶汤以形成丰富的沫饽。因为不用茶粉，也省去调膏、注汤等程序，不仅简单，而且能击打出丰富的沫饽汤华。我曾在《唐煎宋点在当代人文视野下的复兴与创新》论文中总结说：六大茶类经过一定时间闷泡，都可以击打出丰富的沫饽汤华。击打出的沫饽汤华不但丰厚，而且白如积雪，堪比宋徽宗《大观茶论》所推崇的白茶饼的点茶效果。茶汤点茶法并非我个人首创，而是早在唐

出云桥樱花茶会

出云桥樱花茶席

樱花下茶席

樱花下茶席

宋时期就已经出现，目前在日本冲绳、鹿儿岛等地依然有传承和保留，是唐宋茶汤点茶法的历史遗存。

趺坐在樱花树下，春天在樱花团簇间歌唱，夕阳柔和的光影从贺茂川上照来，将茶碗中的茶汤分隔成太极图式。茶汤是凤鸣红茶浸泡出来的，击打出的沫饽洁白如积雪，映着粉红樱花瓣，美得让人窒息。婉转鸟语从樱花间飘落，是来啄食樱花的山莺啊，每年我们都会在樱花树下不期而遇。有几朵樱花飘落在茶席上，我捡拾一枚投放到茶碗里，恰如深雪里绽放的一朵白梅，幽香袭人。

收拾完茶席，坐在贺茂川岸边长椅上观看日落。今天出来赏樱的人不多，或许受到疫情的影响吧。庆幸的是无论人类正在经历多么深重或者荒谬的劫难，大自然依然按照自己的节序运行，并不受人类灾难的影响。樱花灿烂，河流清澈，鹰隼在贺茂川上空呼啸，疾厉嘹亮。这或许就是大自然的“无情”之处吧。正如唐人韦庄诗里吟诵的：“江雨霏霏江草齐，六朝如梦鸟空啼。无情最是台城柳，依旧烟笼十里堤。”无论人世如何变迁，一场春雨之后，堤岸上的柳树依然萌发新绿，让人感慨。

《老子》第五章：“天地不仁，以万物为刍狗。圣人不仁，以百姓为刍狗。”相对于大地山河、风花雪月这些大自然的万事万物，人类不过是寄生其中的渺小生物而已。生物病了，大自然会加以治愈和清除，自身的运行规则却不会受到影响。

新冠疫情这场旷世劫难，可能会改变此后的世界秩序和人类生存规则；但樱花依旧会盛开，河水依旧会流淌，赏樱的人每年还会来到樱花树下，煎水烹茶，歌诗吟唱。

正在沉思间，忽然听到有人喊我的名字，一抬头，原来是妙璇带女儿也出门观赏樱花来了，孩子在草地上独自玩耍，她坐在旁边的椅子上观赏那一树繁密的樱花。

去年上巳节樱花茶会妙璇因回国而没能参加，今天的茶会刚刚结束，她又一次错过了。

我们约在明年上巳节一起赏花喫茶吧，如果疫情能够结束的话。

坐在贺茂川樱花树下，我们一边喝茶，一边相约明年樱花茶会。

一期一会，大概就是此意吧！

牡丹开处煮新茶

茅檐红旭映乌纱，谷雨初收天气佳。
领得山园春富贵，牡丹开处煮新茶。
——《煎茶小述》赏花老人题笺

又到了暮春时节。辛夷已谢，樱花将残，京都人家的水木花开得正盛，洁白的、粉红的，点缀在嫩绿残红中，却也好看。莺啼的声音依然动人心弦，不觉吟诵起唐朝诗人杜牧那首有名的《江南春》绝句："千里莺啼绿映红，水村山郭酒旗风。南朝四百八十寺，多少楼台烟雨中。"唐朝的莺应该就是现在日本称作"梅里莺"或"报春鸟"的这种小雀吧？不知到了后来为什么变成了黄鹂鸟？唐宋以后莺啼声渐渐沉寂，消失在江南烟雨中的寺观禅院了。

暮春是牡丹花开放的季节。牡丹在京都称作唐牡丹，大概因为是从唐代长安传入的缘故吧。京都可以观赏唐牡丹的庭院很多，如东茶院附近的三千院、本满寺、圆光院等。位于京都祇园附近的建仁寺也有一大片唐牡丹园，旁边是荣西和尚茶碑，每年

（明）唐寅《陶穀赠词图》

牡丹开处煮新茶

暮春时节我都会前往观赏，并参拜千光祖师。今年因为疫情的缘故，只能在自家庭院中观赏唐牡丹了。

牡丹真正成为“国色”，为雅士文人所欣赏，是在大唐。

唐人李浚《松窗杂录》记载说：“开元中，禁中初重木芍药，即今牡丹也……得四本红、紫、浅红、通白者。上因移植于兴庆池东沉香亭前。”可见唐代从开元天宝年间开始种植牡丹，也称作木芍药，有红、紫、浅红、纯白数种。还有一种杂色牡丹，朝、午、暮、夜四时颜色不同：“初有木芍药植于沉香亭前，其花一日忽开，一枝两头，朝则深红，午则深碧，暮则深黄，夜则粉白，昼夜之内，香艳各异。”（王仁裕《开元天宝遗事》卷上）这其实就是后代培育的杂花牡丹，一株有红、黄、绿、白数种，在当时视为神奇。

唐代牡丹以紫色、红色或浅绛绯红为主，受到时人喜爱，白牡丹则较受冷落。王维《红牡丹》：“绿艳闲且静，红衣浅复深。花心愁欲断，春色岂知心。”李益《咏牡丹赠从兄正封》：“紫蕊丛开未到家，却教游客赏繁华。始知年少求名处，满眼空中别有花。” 刘禹锡《赏牡丹》：“庭前芍药妖无格，池上芙蕖净少情。唯有牡丹真国色，花开时节动京城。”刘诗将娇艳无比的牡丹称作国色，是唐代咏牡丹诗中流传最广的一首。《唐诗纪事》记载了这样一则故事：“长安三月十五日，两街看牡丹甚盛。慈恩寺元果院花最先开，太平院开最后。（裴）潾作《白牡丹》诗题壁间。”有一天文宗皇帝游幸至此，看到裴潾题诗，

八重樱

东茶院唐牡丹

“吟玩久之，因令宫嫔讽念。及暮归，则此诗满六宫矣。”裴潾《白牡丹》《全唐诗》有录：“长安豪贵惜春残，争赏先开紫牡丹。别有玉杯承露冷，无人起就月中看。”

咏牡丹最著名的当然要数李白的《清平调词三首》了，第三首写道：“名花倾国两相欢，长得君王带笑看。解释春风无限恨，沉香亭北倚阑干。”将美人、花色相提并论，人面花面交相辉映，堪称绝品。唐以后长安观赏牡丹风气式微，诗人王贞白在《看天王院牡丹》诗中感叹说：“前年帝里探春时，寺寺名花我尽知。今日长安已灰烬，忍随南国对芳枝。”兵燹战乱之后，天王院里牡丹独自盛开，芳华依旧，但已无观赏之人。这首诗读来沉痛悲壮，有着杜甫“国破山河在，城春草木深”的韵味。

晚唐僧人文益禅师《看牡丹》诗偈写道：“拥毳对芳丛，由来趣不同。发从今日白，花是去年红。艳色随朝露，馨香逐晚风。何须待零落，然后始知空。”文益禅师（885-958），俗姓鲁，浙江余杭人，罗汉桂琛禅师法嗣，禅门法眼宗初祖。据《五灯会元》记载，文益禅师曾与南唐中主李璟一齐观赏牡丹花，并写下这首五言律诗。李璟读完后大为赞赏，可惜他并未领悟其中深意。十余年后李唐为赵宋所灭，李后主含泪写下断肠诗句：“问君能有几多愁？恰似一江春水向东流！”文益禅师这首诗偈仿佛是南唐国运的预言，可惜李璟父子当时都没有读懂，令人唏嘘不已。

盛唐牡丹文化随同佛教、文学艺术一起传到日本，并保留到今天。成书于宽仁年间（1017—1021）的《和汉朗咏集》有

京都本满寺枝垂樱、牡丹

两处引用了白居易的吟牡丹诗句：“庳车软舆贵公主，香衫细马豪家郎。”“莫怪红巾遮面笑，春风吹绽牡丹花。”平安时代清少纳言《枕草子》第一二八段有一段关于牡丹的描写：“你不妨回去看看宫中的情况，风景还蛮可赏的。露台之前栽植的牡丹，颇有一些唐土风味呢。”此外，日本江户时期浮世绘中也多有关于牡丹的描绘。譬如本阿弥光甫《藤・牡丹・枫图》、鸟居清长《牡丹园》、鸟文斋荣之《杨贵妃夏冬牡丹图》、葛饰北斋《牡丹蝴蝶》、酒井莺浦《牡丹蝶图》以及春香《牡丹图》等。此外牡丹图案也常常用于器物上，流传至今的牡丹堆朱天目台堪称此类代表。

日本牡丹品种最早引自中国，经过栽种培育，目前有300多个品种，市场上常见的有：花王、岛锦、太阳、圣代、金阁、芳纪、初乌、白王狮子、天衣、莲鹤、八千代椿、岛大臣等，其中以花王、太阳、芳纪、岛大臣、白王狮子最为常见。2018年我开始在京都修筑东茶院茶室茶庭，特意到花木市场寻觅牡丹，最后选定花王、芳纪等五个品种的牡丹移栽在茶室侧庭，配以山石和南天竹，作为茶室外主要景观。第二年又播撒牡丹种子，有近二十株出苗，估计三五年后可成牡丹园供观赏。

今年因为疫情的缘故，连一向喜欢赏花游乐的京都人也都“幽禁”在宅中，很少外出。贺茂川旁的京都植物园从四月初就开始闭园，一些人家私宅也是大门紧闭，只能从疏离间一睹芳春容颜。前些日子我去本满寺游赏，占地近一亩的枝垂樱已经凋谢，八重樱却开得正盛，宸殿一侧的唐牡丹也悄然独放，姹紫嫣红，令人怜惜。除了寥寥二三位过路行人，很少有人前来观赏。

开篇所引《煎茶小述》赏花老人的题笺诗将观赏牡丹和煎茶联系在一起，堪称佳作。唐代张文规《湖州贡焙新茶》诗中也提到牡丹：“凤辇寻春半醉回，仙娥进水御帘开。牡丹花笑金钿动，传奏吴兴紫笋来。”暮春时节，唐朝宫苑里牡丹盛开，赏花人乘醉归来，宫女们揭起帘栊端来醒酒汤。忽然听得帘外一阵欢声笑语，原来是湖州进贡的紫笋茶到了，正好用来煎茶解酒呢。

诗中“牡丹花笑金钿动”一句，牡丹也可解释为宫女头饰，和金钿相对应，有一种富丽堂皇之美。

东茶院茶庭中牡丹开得正艳，山中节气滞后，芳纪、花王开得最早，圣代、初乌、天衣含苞待放，赏花还要等待几日。茶汤淡雅，用铂金茶碗盛着，茶筅击拂出皑皑雪乳，映照着牡丹莳绘瓷瓯中的八重樱，别有雅趣。八重樱也称晚樱，恰好与牡丹一起开放，重重簇拥的花瓣也像极了牡丹，让人欣喜不已。

紫藤花满架，煎水瀹芳茗

残樱落尽绿荫齐，杜若蘅芜绕竹篱。
老去维摩仍病病，归来梁燕自衔泥。
忽闻神社藤花发，酒盏茶瓯趁日西。
——《西院春日神社赏藤》

又到了暮春时节，残樱落尽，紫藤花开，空气中弥漫着淡淡

的优雅气息。东茶院听松庵旁的一架紫藤开得正好，纷披的花穗从庵顶垂下，仿佛一串串紫色流苏，映照在池塘深碧色水面上，随风摇曳。

日本自古以紫色为尊贵之色，如紫阳花、桔梗、菖蒲、鸢尾等，都以紫色花朵受到人们的推崇，紫色藤花自然受到历代公卿和文士女官的喜爱。日本平安时期著名女作家清少纳言在《枕草子》“木本的花”篇章描写道：“木本的花，属梅花。不论花色浓或淡，总是红梅最美。樱花，花瓣大，色泽鲜，花枝细，开得干爽爽的最好。藤花，以花房长长地弯曲下垂、开得色泽艳丽者最为喜人。”寥寥数语就将藤花艳丽高雅的气质展现出来。透过文字，仿佛能欣赏到藤花细腻的色泽，呼吸到藤花的淡淡幽香。

与清少纳言同时代的女作家紫式部，创作了世界上第一部长篇小说《源氏物语》，又称“紫色物语”，桐壶、藤壶、紫

（明）文徵明《惠山茶会图》（局部）

立美人

姬三位女主角的名字或服饰以及居所都与紫色有关。作者这样描绘紫姬居所："紫姬所居的东南一区内，石山造得很高，池塘筑得很美。栽植的无数的春花，窗前种的是五叶松、红梅、樱花、紫藤、棣棠等春花。其间又疏疏地杂植各种秋花。"紫藤花掩映在红梅、苍松、樱花和棣棠花间，有一种静谧优雅之美。另外，日本茶道里只有茶道家元才有资格使用紫色茶巾，其他人只能用兼色，以显示紫色的尊贵。

日本人对于紫藤的喜爱缘自唐代。唐代诗人白居易《陈家紫藤花下赠周判官》写道："藤花无次第，万朵一时开。不是周从事，何人唤我来。"千朵万朵紫藤花一时盛开，花气袭人衣袖，可以想见陈家紫藤应该有数百年历史，根深叶茂，花开时节很是壮观。《三月三十日题慈恩寺》则歌咏道："慈恩春色今朝尽，尽日裴回倚寺门。惆怅春归留不得，紫藤花下渐黄昏。"诗人因为爱惜春归，不忍就这样离去，于是在寺门前徘徊低吟，直到天色渐渐黄昏，才发觉满架紫藤花已经盛开，带来初夏气息。据说紫式部从小就会背诵白居易诗集，《源氏物语》中也多处引用白诗，可见受唐文化浸染之深了。这也是日本平安时代文学的一大特色，为此后和汉融合做好了铺垫。

前年我在京都比叡山下修建茶庭时，特意让庭作师在听松庵旁移植了一架老紫藤，枝干虬曲，皮色苍老，从井户旁一直攀缘到庵顶。今春紫藤花盛开，紫色花穗从庵顶垂下，配合着风铃触响，令人心旷神怡。

紫藤原产中国，分布于邻国朝鲜和日本，尤其以日本紫藤最为繁盛。常见品种有紫藤、银藤、红玉藤、白玉藤等。紫藤三月现蕾，四月盛花，花开时紫色或深紫色，有淡雅的香气。白玉藤原产日本，盛开时洁白如雪，香气浓郁。东茶院附近的宝池公园中有一架百年白玉藤，

东茶院紫藤

花朵大而洁白，花开时幽香袭人，坐在藤架下一边欣赏美景，一边啜饮清酒，也是人生一大乐事呢。

京都可观赏紫藤的名所很多，如宇治平等院、京都植物园、京都御苑、平安神宫，以及位于京都南边的鸟羽水环境保全中心等，每到紫藤花季，这些地方的紫藤花便会盛放，吸引京都人前

西院春日神社

白玉藤

往观赏。此外，京都许多寺院、神社里也有紫藤，为暮春平添些许幽寂和禅意。记得去年到大相国寺附近的妙莲寺宿坊参访，那里有著名的“十六罗汉石庭”，鼓楼旁有一架紫藤花开得正好，坐在紫藤架下饮水休息，一边闻听采花蜂嗡嘤，一边闻听僧人诵经，心中充满祥和平静与禅意。

京都上京区西大路附近有一所西院春日神社，以紫藤藤花祭而著称。每到紫藤花季都会举办祭祀法会，场面很隆重。西院春

紫藤架

日神社主要祈祷病气康复与交通安全，面积并不大，除了参道两旁密植的爬墙紫藤外，社内还有三处紫藤棚架，以御朱印授所旁六尺藤最茂密。每年四月二十九日是春日神社藤花祭，神职人员身着白衣，击鼓吹笛举行祭祀仪式，戴着藤花的巫女随着鼓声起舞，场面优雅而壮观，吸引游人前往参拜。

京都类似这样的寺庙或神社很多，分别以樱花、紫藤、花菖蒲、紫阳花、荷花、萩花、枫叶甚至秋柿为其特征，用来吸引信众。前年秋天我去岚山一带参访，附近有一所铃虫寺，以饲养铃虫著称，信众参拜时一边欣赏铃虫鸣叫，一边听法师开示，也很有趣。

今年春天因为疫情的缘故，我很少出门赏花，有时候趁着外出采购食物的机会，骑行到附近寺院或神社看看，从梅花、水仙花、枝垂樱、吉野樱、八重樱，到山吹、白玉藤、紫藤，都逐一欣赏。前天骑车到了京都御苑，九条池畔的岩岛神社有一架紫藤，紫色花穗浮在水面上，十分壮观。一个人坐在桥畔细细观赏，领略暮春的风雅与无奈。说起来真是个喜欢美好事物的人呢。

利休曾这样说：吾只对美好之事物低头！

想来茶人品行和操守都是这样的吧！

很喜欢日本南北朝时著名歌人吉田兼好法师《徒然草》中这段关于藤花的描写："桔之花，本就令人怀旧了。梅之香，也让人思虑往昔，牵惹旧情。何况还有棣棠之花的艳光明丽，藤花的娇弱无依、我见犹怜。凡此种种，都令人逡巡流连，不能忘怀。"以花开花落消解人世无常，以藤花娇弱无依象征人生漂泊，充满忧伤和怜惜之情。再譬如日本著名俳人松尾芭蕉著名俳句："投宿已困顿，忽又见藤花。"用藤花的艳丽反衬旅客的疲惫与感伤，堪称经典。

风从瓢箪山上吹来，屋檐下风铃传来一阵清响。抬眼望去，山上一树紫藤花已经盛开，虬曲藤枝沿着高大的杉树直攀云顶，将繁密的紫色系挂在蓝天下，这种壮阔的美是寺院或神社里的紫藤架所不能比拟的。

茶室里的插花要如同在原野上绽放一样。

这是“利休七则”里关于茶室插花的规定，是崇尚自然之美的体现。

茶人不就是追求自然之美、从平凡的日常生活中展现茶道美学的践行者吗?

砂铫里水声已响，我开始准备冲罐、茶盏、搁杯等物，今天准备品饮一道来自福建的武夷山岩茶，用古老的闽南工夫茶烹饮法，并插了一枝紫藤花在茶龛里，用来纪念与春天的离别。

窗外传来春莺的鸣叫声，婉转多情，也在惋惜春天的离去吧?

第二部

禅心

（宋）梁楷《泼墨仙人图》

禅心照大千

初冬，寥落、冷寂。

想起寒山子，想起他留在山石、树木间的诗句。年深日久，历经劫难，大概都已经销磨殆尽了吧？或者被青苔所掩盖，了无痕迹，只留下无限畅想。

据说寒山子的诗曾被当时的台州刺史闾丘胤收集、整理，有三百首之多，这就是遗存后世的《寒山子诗集》。《太平广记》卷五十五“寒山子”一条记载说：

> 寒山子者，不知其名氏。大历中，隐居天台翠屏山。其山深邃，当暑有雪，亦名寒岩，因自号寒山子。好为诗，每得一篇一句，辄题于树间石上。有好事者，随而录之，凡三百余首，多述山林幽隐之兴，或讥讽时态，能警励流俗。桐柏征君徐灵府，序而集之，分为三卷，行于人间。十余年忽不复见……

这是早期关于寒山子仅有的一条记载，出于《仙传拾遗》，收录在《太平广记》中。据此可知寒山子早期隐居天台翠屏山，也叫寒岩。他喜欢在岩石、树叶上随意题诗，后来由号为桐柏征

（明）宋旭《罗汉图》

君的道士徐灵府收集编纂成三卷，共有诗三百余首，并写了序文。词条记载中并没有提到丰干、拾得和国清寺。这应该是寒山子及其诗的较早面貌。至于后来台州刺史闾丘胤收集、整理、写序、流布云云，很可能是后人的依托附会了。

寒山子，唐代禅僧、诗人，姓氏、籍贯、生卒年均不详。他长期隐居台州始丰（今浙江天台）西之寒岩（即寒山），故号寒山子。也有些记载说寒山子是唐代长安咸阳人，因科举不利，最后去了天台山寒岩隐居，但没有确切资料以供考证。

流传较广的记载是：

> 寒山子，不知姓字，隐于天台始丰县西七十里寒岩幽窟中，时来国清寺。布糯零落，面貌枯瘁，言行若疯狂，好吟诗偈，皆表现佛教宗旨。与拾得友善。因丰干禅师谓其为文殊菩萨化身，太守闾丘胤入寺拜求，乃与拾得缩身入岩石穴缝中，石穴“抿然而合，杳无踪迹。”（《宋高僧传》卷十九）。

至于后来寒山子到了姑苏枫桥（封桥），并主持寒山寺，也就仅仅是民间传说了。唐代诗人张继那首《枫桥夜泊》七言绝句更是引起后人无限遐想：“月落乌啼霜满天，江枫渔火对愁眠。姑苏城外寒山寺，夜半钟声到客船。”

今秋我去天台山参访，去了国清寺，三贤殿仍在，只是看不见寒山子的踪迹。我没有赶去寒岩寻找，我并不是一个多事的人。想起韦苏州那句诗：“落叶满空山，何处寻行迹！”即使去了寒岩，恐怕也找不到寒山大士的踪迹吧？

据说唐代赵州从谂和尚参访天台山时遇到寒山子，看见山道上有牛踪，寒山问：“大德还认识牛么？这是五百罗汉前来游山呢。”赵州却说：“既然是罗汉，怎么作了牛？”寒山道：“苍天苍天！”赵州听后呵呵大笑。寒山问：“笑什么？”赵州却答道：“苍天苍天！”寒山笑道：“这小孩子宛然有着大人的举措呢！”（《五灯会元》卷二）

这段记载很有趣，寒山、赵州两人机锋迭出，禅意纷呈，很耐参究。而沩山灵佑也曾得大士接引，拾得举荐（《祖堂集》卷十六）。可见寒山大士禅悟及见地在当时就已经很有影响，所作诗文仅仅是用来随缘教化俗世而已。

全览《寒山子诗集》，内容有些纷杂，很可能是桐柏征君徐灵府整理时收录进了其他一些落魄士子以及道士的诗作，后来台州刺史闾丘胤托名重选，依然有些凌乱。清雍正御制《寒山子诗集》重选寒山拾得诗一百〇八首，其中寒山诗八十八首，舍得诗十八首，丰干诗二首。总体看，算比较纯粹了。雍正作序曰：

> 寒山诗三百首，拾得诗五百余首，唐闾邱太守写自寒岩，流传阎浮提界。读者或以为俗语，或以为韵语，或以为教语，或以为禅语，如摩尼珠，体非一色，处处皆圆，随人目之所见。朕以为非俗非韵，非教非禅，真乃古佛直心直语也。永明云："修习空花万行，宴坐水月道场，降伏镜里魔军，大作梦中佛事。"如二大士者，其庶几乎！

> 重岩我卜居，鸟道绝人迹。
> 庭际何所有？白云抱幽石。
> 住兹凡几年？屡见春冬易。
> 寄语钟鼎家，虚名定无益。

这是《寒山子诗集》中的一首，我个人很喜欢。开首点出隐居之地，颔联紧承，以问答的形式出句对句，颇有陶弘景《山中问答》意趣。颈联依然问答句式，转为描写隐居春秋，开启尾联收关之意。立意高远，构思冷峻，又含有大士劝谕世俗之慈悲意。

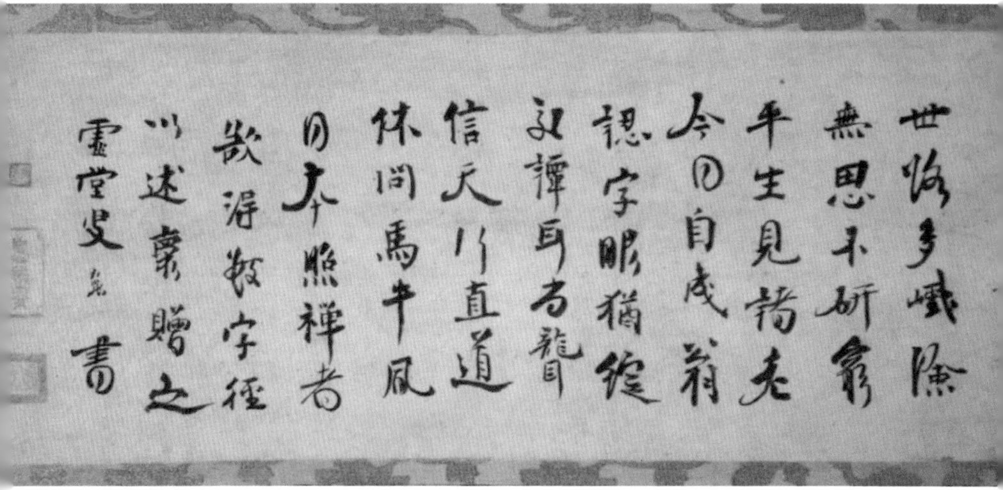

（宋）虚堂智愚禅师　詩偈

吾心似秋月，碧潭清皎洁。

无物堪比伦，教我如何说！

这是寒山子很著名的一首诗偈，流布很广。古德曰：不破初参不住山。大士此偈立意高古，禅心皎然，很有岩居气象。大概他在吟诵完此偈后就入寒岩去了，至今了无踪迹。

诗偈，是禅诗中独特的一种文体，四句为一偈，字数四言、五言、六言、七言不等。佛陀在《金刚般若波罗蜜经》中告须菩提："若有善男子、善女人发菩提心者。持于此经。乃至四句偈等，受持读诵，为人演说，其福胜彼。"

中国有悠久的诗歌传统，从相传成诗于上古时期的《康衢歌》《击壤歌》《南风歌》《卿云歌》，到春秋时期的第一部诗歌总集《诗经》，再到楚辞、汉乐府，直至唐诗宋词，中华民族的诗词传统一直深刻影响着中华文明的发展。《尚书》里说："诗言志，歌永言。声依永，律和声。"诗歌是人心的直接表露，是人性的优雅展露。

随着佛教传入中国，特别是禅宗的兴起，佛经中的偈颂与传统诗词相结合，于是诞生了"禅偈"这一特殊诗歌体裁，受到历代高僧大德以及文人雅士的喜爱。唐宋以来留下大量禅师诗偈，除了《寒山子诗集》外，如隋代永明延寿禅师的《山居诗》六十九首，以及此后的石屋清珙禅师《山居诗》、中峰明本禅师诗偈、憨山德清禅师诗偈等，都成为独立于传统诗词之外的一朵禅花，光耀千古。

禅宗以灵山会上佛陀拈花、迦叶微笑为开端，虽然以"不立文字、教外别传"为宗旨，但其遗留下的公案语录以及禅诗偈颂却尤为丰富，这和中华文化的诗教传统是密不可分的。

乃吟诗偈一首，以追缅先贤遗迹：

我来逢秋末，落叶满寒岩。

诗偈知何处？禅心照大千。

海西兰若寺

走出兰若寺山门的时候，天空飘起了小雨。我们一行告别了妙宽尼师，踩着松软的红土地，匆匆向来路方向赶去。海西海在望，礁石如虎豹蹲伏，湖面传来隐隐雷声。兰若寺半隐在松梅荆棘间，只剩下模糊轮廓，仿佛一幅雷诺阿笔下的印象画。

“看来是龙王显灵了，要送我们一程呢。”妙和抹去脸庞上的雨珠，笑着说道。

“兰若寺的龙王很灵验呢，我每次来都是这样，总要下些小雨。”林向松兄依旧背着那只旧背篓，低头行走，不紧不慢地回答说。这个旧背篓是我们来洱源时他在镇上用一个新买的箩筐和亲戚换的，看上去很有些岁月的沧桑感，很适宜在山里背负。

“或许是南山如济老师箫声引来的山雨吧？传说龙箫能够祈雨呢。”妙月在一旁轻声说道。

“好吧，等会儿雨势小些，我们在海边再吹一曲箫，希望能给今春多带来些雨水。”我摸了摸头顶的雨水，笑着回答。

古代祈雨，坛场多设在龙王庙前，箫管筚篥齐奏，锦瑟箜篌共鸣，以祈请龙王行雨。唐人李约有《观祈雨》诗道：“桑条无叶土生烟，箫管迎龙水庙前。朱门几处看歌舞，犹恐春阴咽管弦。”虽不无讽谏之意，却是古代龙箫祈雨的真实写照。

我们一行是从大理古城驱车前来兰若寺参访的，有林向松兄亲自陪同，节省了不少时间。兰若寺位于洱源县海西海对岸岛屿上，位置隐蔽，环境清幽，是一处饮茶修禅的好地方。但如果没有当地人做向导，是很难找得到的。

大约五六年前，林兄开始修复兰若寺，那时候他刚刚还俗不久，网名“兰若寺僧”，后来才改为“兰若山居”。那时候他身无分文，只能进行网

（明）周臣《柴门送客图》

上募捐，我是第一个响应并捐款的人，每每说起此事，他都会发出一番感慨。

此前我们并不相识，只知道他在鸡足山后山木香坪修筑茅棚，帮助住山行人，遇到不少困难。而这十多年来我也一直在终南山修筑茅棚，供养住山行人，正可谓“惺惺相惜”了。后来木香坪茅棚区被拆，林兄就将全部精力用到兰若寺的修复上来，发心勇猛，愿力深切，在国内有缘善士的资助下，用了不到两年时间，就将兰若寺基本修缮完毕，功德圆满。其中的艰辛和困难，也只有个中人知晓一二了。

刚刚走进山门的那一刻，我眼前竟有些恍然：这不就是梦中的那处所在么？小小的院落，低矮的屋檐，简陋陈旧的大殿，烟熏火燎的厨房，这些都是梦中曾经留恋过的地方。虽然林兄之前发了不少有关兰若寺的图片，但只有目睹了这里的一草一木、一瓦一柱，才能有更加深切的感受。

佛经上说：“三界唯心，万法唯识。”从我们身边的事物到山河大地，乃至宇宙世界，莫不是我们自心自性的外化。假若我们的心地不善了，身边的环境就会变得很恶劣；假若我们恢复了善良本性，身边的环境也就渐渐好转了。所谓“依报随着正报转”，就是这个道理。

时值末法，众生心性刚强难化，或许唯有自行其善、自救自度，才是上上之策。佛在《地藏经》中说：“南阎浮提众生，其性刚强，难调难伏，是大菩萨，于百千劫，头头救拔，如是众生，早令解脱。”我们没有“大菩萨”那样的愿力和

海西海

因缘，只能尽自己之所能，修筑茅棚，供养僧众，用以消除业障，成就道业。

午斋简约，妙宽尼师依然坚持准备了三菜一汤，餐前还有豆浆和煮玉米，就山居生活而言，已经很“丰盛”了。据林兄介绍，妙宽尼师是去年冬天才搬来兰若寺常住的，相伴左右的还有另外一位老比丘尼，因为腿脚不便，平时很少下地，只在静室里老实念佛。当妙月她们问起这里的山居生活情况时，妙宽尼师愉快地笑了，回答说：这里的生活很好，地方很清净，可以有更多的时间来用功办道。并强调说：这都要感恩林居士的发心，建造了这样好的环境，方便出家人安住，真是功德无量啊。说这话的时候，她脸上洋溢着愉快的笑意，有如初春明亮的阳光，让人心生温暖。

洱源县海西海现在属于洱海水源保护区，村民已在几年前搬迁到下面的村庄里，如今只剩下掩藏在山林里的兰若寺和入口处孤零零的龙王庙。岛屿对面是莲花峰，峰外就是城镇村庄了。修筑兰若寺的时候所有材料都要从山外运进，然后人工背到山上，

林向松

兰若寺

烤茶

饮茶

准备午斋

很不容易。

“今年枯水季节准备再运些材料上来，厨房该重新修整了。”林兄坐在庭院台阶上，一边看着残破的厨房，一边若有所思地说。每年秋季过后海西海就进入枯水季节，可以从对岸用三轮车将材料运送到岛下来，会省掉不少人工，节约成本。这些年我自己在山里修筑茅棚也是如此，总选在农闲季节找人干活，这样工钱能便宜一些。

午斋罢，准备吃烤茶。先将灶里的余火收集到火盆里，然后准备烤罐、茶叶、茶盏等。妙和、妙月从野外采来素馨、松枝、梅子等，插了茶席瓶花，也饶有野趣。《利休七则》中曾这样说："茶室里的插花，要如同开在原野里一样。"茶室插花，以自然而富于禅意为主，要有山林气象。烤茶用本地滇绿，要先将烤茶罐烤热，然后将茶叶放进去，继续烤，直到烤出茶叶的焦香味，然后将沸水冲入茶罐，就可以饮用了。

当我们一行返回龙王庙的时候，雨渐渐停息了。站立在暮色下的草甸子上，望着平静幽暗的湖面，望着隐藏着兰若寺的那片岛屿山

林，心里依然充满了喜悦。

附：应兰若山居（林向松）兄之约，随行吟得诗偈若干，一并附录于此，供养有缘众生。

一

海西藏小寺，兰若纳大千。
水映莲花翠，山围梅子繁。
柴门布衣客，持杖到洱源。

二

我来兰若寺，碧水映莲花。
门拒尘俗客，山藏纳子家。
素斋饱肠腹，还点赵州茶。

三

悲心长切切，兰若自逃禅。
一院青桐发，千株梅蕊寒。
三年成底事？湖水万顷宽。

四

生平多义气，云水幻情缘。
箫管寻常在，轻衫四季宽。
日暮独归去，龙吟苍洱间。

五

终南苍洱养箫心，孤涧长川入妙音。
春水湖山浑欲醉，松毛梅子自相亲。
莫笑癫狂老如济，漫拈竹管发龙吟。

九华山药师庵

清明节前一天，天色阴沉，我和茶栜大岗一早就前往九华山，礼拜金地藏菩萨肉身殿，参访后山茅棚。

唐人杜牧有《清明》七言绝句曰：“清明时节雨纷纷，路上行人欲断魂。借问酒家何处有？牧童遥指杏花村。”天色这样阴沉，想来明天会有一场春雨吧？雨中访酒，当别有一番滋味。

游人很多，到处都是缭绕的香烟和游人的喧闹声，连阴沉的天色似乎也渐渐有些开朗了。九华山遍是形形色色的寺庙和道观，出售香火和旅游用品的店铺更是鳞次栉比，将这座千古名山打造得热闹非凡，这也是当前社会的一大特色呢。

由于游客众多，我们只能随着长如游龙的“队伍”经过各个景点，依次礼拜寺庙，一直来到金地藏菩萨肉身殿前。这里更是人声鼎沸，香火兴旺，几名虔诚的女善信还在大殿后面的空地上铺上地席，进行五体投地式大礼拜，其虔诚的精神让人感动。

金地藏，古新罗国（今朝鲜半岛东南部）国王金氏近族，本名金乔觉。相传其人“项耸奇骨，躯长七尺，而力倍百夫”，而且“心慈而貌恶，颖悟天然”。据说金乔觉二十四岁

时薙发为僧，从新罗国航海来华求法。后来辗转至九华山，居住在东崖峰的岩洞里（后人称之为“地藏洞”），过着十分清苦的禅修生活。

此后，山外长老诸葛节、闵让和等居士发心善护，修建庙宇，金乔觉才有了栖身之地，并带领徒众凿渠引水，垦荒种田，过着自给自足的农禅生活。建中二年（781）池州太守张岩因仰慕金乔觉道风，带领随从前来九华山参访，并施舍大量钱财和物资。此后郡内官吏豪族，也纷纷前来皈依，连新罗国僧人也越海而来，随侍左右。金乔觉的禅风也逐渐被朝野所共知。

唐贞元十年（794），金乔觉趺跏圆寂，世寿九十九岁，僧腊

九华山

七十五岁。其肉身置函中，经三年仍“颜色如生，兜罗手软，罗节有声，如撼金锁”。徒众根据《大乘大集地藏十轮经》语：菩萨“安忍如大地，静虑可秘藏”，认定金乔觉即地藏菩萨示现。于是建一石塔，将其肉身供于石塔中，尊为金地藏，嗣后配以殿宇，称肉身殿。从此九华山名声远播，逐渐形成与五台山文殊菩萨、峨眉山普贤菩萨、普陀山观音菩萨并称的地藏菩萨应化道场。

金地藏作有一首《送童子下山》诗，其中提到禅门饮茶。诗曰：“……空门寂寞汝思家，礼别云房下九华。爱向竹栏骑竹马，懒于金地聚金沙。瓶添涧底休招月，烹茗瓯中罢弄花。好去不须频下泪，老僧相伴有烟霞。”这首诗写得温柔敦厚，将童子

的天真纯朴和老僧的慈悲宽厚都表现出来了。

据《青阳县志》载：“金地茶，相传为金地藏西域携来者，今传梗空筒者是。”《九华山志》也载：“金地茶，梗心如筱，相传金地藏携来种。……在神光岭之南，云雾滋润，茶味殊佳。”想来和金地藏有很深的渊源。如今九华山满山都是茶园，不知当年金乔觉手植而成的茶园在哪里？

离开金地藏肉身殿，我们继续向前走。山道崎岖，游人渐渐稀少，九华山秀丽的风光也渐渐显露出来。虽然只是初春，但由于今年气候偏暖，山杏花已经开残，山风吹过，粉白的花瓣落满石径，如同雪片。山桃花刚刚吐艳，仿佛初春娇羞的少女，掩映在丛树竹林间，格外娇媚。

走过一道溪桥，一座朴素的茅庵隐约映入眼帘，这里是我们此行的另外一个目的地——九华山药师庵。

药师庵很小，目前只有两位尼师常住，明照老尼师是这里的当家师，已经常住许多年了。据说这里过去很热闹，曾经是游客上下山坐缆车的必经地，前些年缆车改了线路，就显得冷清多了。望着庵外那巨大的缆车基站和钢铁结构，我依稀能想象到往昔的喧闹与浮躁。药师庵旁有一片大茶园，茶园旁是菜地。一条小溪从茶园旁经过，或许是因为天气干旱的缘故，小溪里看不见溪水，只有一丛丛茂盛的春草。

“王孙游兮不归,春草生兮萋萋！”这是《楚辞·招隐士》里的文辞，芳草萋萋，王孙远行，江山无异，伤如之何！我这次出行已经十多天了，想来终南山的草色也一片青翠了吧?

当我正沉浸在思古幽绪里的时候，忽然瞥见一位年轻尼师，携着茶笼，正在茶园里采摘茶叶。她穿得很素雅，采茶的动作虽然不太专业，但那专注的神情却足以感动行人。我本准备过去和她打声招呼，谁知她掉头看见了我，就匆匆拿起茶笼，越过小溪，快步走向药师庵后面去了。原来药师庵后有几处新建茅棚，这位年轻尼师大概就是住在那边的吧。

午斋很丰盛，小小的粗木餐桌上摆了六七个菜，一大盆汤，一大锅蒸米饭。这是两位尼师和三位从外地来的居士一起奉上的九华山料理，虽然用的时间有些长——近乎两个多小时。腌萝卜、炒青菜、炒青笋都很合我的口味，青菜西红柿汤也不错。米饭稍稍有些夹生。桌上有一小碟凉拌菜梗，由于吃前没有看仔细，嚼到嘴里才发觉异常的腥，原来是鱼腥草！我赶快起身用茶水漱口，这才感觉好些了。看到我这样“狼狈”的样子，明照老

尼师在一旁笑道：你们北方人吃不惯，那就多吃些炒小笋，早上才挖的，很新鲜呢。我连连表示感谢。虽然明照老尼师很慈悲，不断往我碗里夹小笋，但我实在已经没有什么胃口了。

告别了药师庵，我和大岗茶棣沿着溪流开始返程。九华山的蒲草很多，石间水畔，满眼都是郁郁葱葱的石菖蒲。我找了一块幽静的大石坐下，旁边一树山桃花开得正艳。在这初春的午后，听着溪流潺湲，听着鸟鸣啁啾，行人的心里一片清明。

我拿起洞箫，轻轻吹奏。

那是供养春天的曲子，那是供养茅棚的曲子，那是供养金地藏的曲子。

山中禅花开

秋天的一个午后，正觉法师依然在山洞里坐禅。群山沉寂，溪水潺湲，密林深处不时传来一阵清亮鸟鸣，仿佛在给禅坐的人传递某种信号。

正觉法师并没有听到鸟鸣声，直到她看到一条斑斓的大蛇。

“噢，那条蛇可是条大蛇，它就那样静静地顺着树枝爬了上来，盘踞在山洞里，我们互相看了足足有十几分钟，然后它又悄悄爬出山洞，顺着树枝滑下去了。”

正觉法师现在说起来当时的情景，声音依然有些惊颤。是的，那可是一条粗大斑斓的山蛇，忽然出现在任何人眼前都会令人感到惊惧，除非此人已成佛！

山洞位于山坡顶端一块巨大的岩石下，一个小木屋凌空搭建在山洞左侧，仅有不到三平米的狭小空间。木屋右边是狭长的山洞，看上去很干燥；后侧面临石壁，前侧开窗，能看见远山秋色。木屋下是陡峭悬崖，一株不足十二厘米粗的山核桃树斜挺而出，木屋两边用砍下的粗壮山木捆绑支撑，看上去已经有很多年头了，有些树枝已经腐朽。通往山洞小屋的木梯也用山木捆绑，

韩国釜山弘法寺

一侧的木柱踩上去时发出吱吱嘎嘎的声响，仿佛已经承受不了人体的重量。

这里是韩国忠清北道的一处隐秘山谷，名黄庭山，远离城市喧嚣和世俗热闹，是出家僧尼住山修行的好去处。正觉法师此前在这里隐修十九年，后来又到黄庭山后山闭关三年，于2016年出关弘法，并创立韩国曹溪慧能宗，以弘扬六祖禅法。

结识正觉法师是在2018年9月举办的无锡惠山寺禅茶大会上，法师从韩国带领弟子来中国参访，并参加此次盛会。法师行持严谨，禅风峻厉，给我留下深刻印象。我因为十月份要赴韩参加第十二届世界禅茶交流大会，于是让妙德提前联系法师，希望能在韩国再见一面。10月24日世界禅茶交流大会结束时，法师特意从曾坪郡弥陀寺驱车来到釜山弘法寺，接上我们一行后，一路经过庆州、荣州、安东，最后到达清州曾坪郡弥陀寺，不仅带领我们一行饱览了韩国秋色，领略了精致丰富的韩国料理，更使我们对韩国禅宗现状有了深刻了解。

佛陀在经典中曾说：末法时期，众生贪嗔痴

疑业重，僧团戒律松懈，邪师说法如恒河沙，此时或有住山僧众乐阿兰若处行者，持戒修行，得大成就，顾念此世间众生苦病深难，发愿弘法利生，同证大道。佛陀灭度时教四众弟子四依法——依法不依人、依义不依语、依了义不依不了义、依智不依识，都是教导我们离苦得乐、此生成就的无上法门。

一路行来，法师每每说起世间种种乱象以及诸多病患苦难，颇多感慨，流露出悯念众生、眷顾众生的慈悲情怀。法师自2016年出关以来，参访世界各地禅宗丛林大德，发愿要将自己多年来住山修行的功德回向给一切众生，离苦得乐，共成佛道，其深宏誓愿让人钦佩不已。

将要离开韩国返回京都的时候，我提议到法师曾经住山修行的地方看看，并写篇文字做记录。法师笑道：马老师，我住的地方在国恩寺后面，走进去要很远的，有二十分钟山路，你能走下来吗？我笑道：我过去也是住山人呢，虽然这些日子身体欠安，但区区几公里山路难不倒我！法师闻言大笑，说:好，马老师，我们明天就出发去山里！

从弥陀寺开车去丹阳皇庭山，足足行驶了两个多小时，一路上山峦叠翠，层林尽染，浓郁的秋色似乎能撞进车窗，让人目不暇接。我2017年来韩国参加第十三届世界禅茶雅会是在9月份，秋色未浓，2018年到来恰逢霜降之后，红叶舒艳，黄花争芳，得以饱览秋色，领略到了韩国清州一代古朴壮阔、宁静幽邃的深秋景象。

无论茶道修习还是参禅打坐，幽雅舒适的自然环境总能令人

韩国清州国恩寺茅棚

心旷神怡，而得自在解脱。

车辆在一处溪流山道旁停下了，通往溪流的山道狭窄简陋，山石旁一棵大树上挂着块黑色木牌，上面写着“国恩寺”三个大字，另有“大韩佛教曹溪慧能宗”一行小字，原来这里就是国恩寺入口，尽显自然姿态。山道下的溪流也充满山林野趣，一块长条木板横放在两块大石上，就是行人往来的“木桥”；对岸还有一条滑索，是溪流涨水时的“紧急交通工具”。

国恩寺与其说是一所佛教寺院，还不如说是一个“茅棚”村落，用木材、钢架、帆布搭建的山林建筑看上去有些凌乱和破败，与城市里宏伟整齐的佛教建筑自然没有可比性。想起我们终

韩国清州国恩寺茅棚

棚，不也是这样的一幅寒酸”景象么？但只要有真正的修行人在，也就不觉得寒酸简陋了。

毗耶离庵罗树园，世尊随缘说法，舍利弗看到脚下土地不平、建筑简陋，心里想道：若菩萨心净，则佛土净者，为何此地丘陵坑坎，荆棘沙砾，佛土不净若此？佛陀了知舍利弗动了心思，于是以足指按地，是时三千大千世界尽现无量宝光庄严佛土，一切大众叹未曾有！佛告舍利弗：“汝且观是佛土严净！”舍利弗言道：“唯然世尊！本所不见，本所不闻，今佛国土严净悉现！”

在国恩寺大雄宝殿礼佛的时候，我心里忽然涌现出《维摩诘所说经》这段文字，也为自己的肉眼所见感到惭愧。真正修行人怎么会在意眼前环境的美丑好坏呢？那些都是世俗间的妄想执着！大殿正中供奉着世尊金身雕塑以及莲池海会清众，一侧供奉着六祖惠能大师真身塑像，手中的《六组坛经》卷轴历历在目，这大概是正觉法师创立韩国曹溪慧能宗的缘起所在吧。据同行的南山流弟子妙德介绍，法师经常说她自己上一世是中国僧人，这一世虽然出生在韩国，但她的心却始终在中国。这真是多生累劫的善根夙缘呢。

国恩寺现在的主持是一位年长的僧人，据说他住山修行已经三十多年了，以前走过很多地方，最后在国恩寺安住下来，守候着这一方不变的风景。

中午在国恩寺狭小的香积厨过堂，午斋虽然简单，味道却很不错。主持特意采了一把新鲜的山蘑菇和野菜回来，炖了一大锅汤。大殿前矗立着十多个酱缸，腌制不同种类大酱，最长时间竟然已有十年！正觉尼师一边检查酱缸，一边舀出一小勺大酱让我们品尝，满是山林和阳光的味道。

用罢午斋，我们前往正觉法师的茅棚参访。走过一段蜿蜒山道，沿着溪流而上大约两里山路，就来到正觉法师住过的茅棚前。过来的时候正觉法师拿了一把钉耙，一边前行，一边将岩石上的落叶耙去，以防我们滑倒。看着她娴熟的动作，我心里默默说：真是多年住山人的行径呢。

茅棚搭建在溪流边，同样狭小简陋，左边是用泥土砌垒的土灶，上架铁锅，木柴堆放一旁，看起来和终南山茅棚有几分相似。关房就在茅棚后的山岩上，我们一行四人，逐一攀上扶梯，进入山洞关房，小小的木屋居然能同时容纳下我们四个人！

韩国清州国恩寺禅堂

山中禅话

正觉法师的笑声爽朗豪健，一如她脸上的笑容。这里是她住了十九年的家，今天回到家里，招待远方来的客人，怎能不令她兴高采烈呢！没有大蛇，没有鸟鸣，只有潺湲溪流和山果坠地的声音。我们在这悬崖上的山洞木屋里，一起诵经，一起缅怀往事，一起迎接秋阳落晖。

“我后来闭关的山洞在黄庭山后山那边，马老师，我们今天还要去吗？”下山的路上，正觉法师笑着问道。我也笑道：“今天天色已晚，就不过去了，我们改天再去吧！”

经过国恩寺的时候，常住法师正在大殿前晒太阳，看到我们过来，脸上流露出秋阳一般平和灿烂的笑容。我礼敬供养了他，又吹奏一曲洞箫，普皆供养。

比叡山延历寺

那一天，我趺坐在比叡山延历寺阿弥陀堂参访席上，一边聆听僧人们平缓庄严的诵经声，一边观照大殿中央的阿弥陀圣像，心中一片安然。

虽然已是立秋节气，天气依然炎热，参访席上坐着的十多位游人，有几人因为炎热已经悄悄退席了。法华会上五千比丘退席，佛陀默然允许，然后对四众弟子说："我今此众，无复枝叶，纯有贞实。"（《妙法莲花经·方便品》）

这里不是法华会，诵经的只有三名僧人。他们衣装整洁，表情肃穆，其中两人年事已高，白毫显现，依然端坐持诵，法相庄严；敲引磬法器的是名年轻僧人，他一边念诵经文，一边敲击法器，很富于节奏感，看来也是一位行家里手呢。客席座椅上约有六七人，其中有两三位年长者，其余都是年轻人，看情形应该是一家人前来阿弥陀堂做一场法会。这样的事情在日本很普遍，其虔诚令人心生敬佩。

僧人们诵经的表情很专注，参访席上不时有游人进出，礼拜、落座、低语、塞钱、起身离席，三名僧人却丝毫不为所动，

最澄上人像

最澄上人像

只是专心诵经、做法行事。主事僧偶尔会起身烧香、礼拜、围着阿弥陀圣像绕行一圈，然后落座，然后又一起诵经。之前曾听说比叡山延历寺阿弥陀堂每天诵经声不断，此次亲身感受，果然很感人。

虽然听不懂僧人们唱诵内容，但听来却很亲切。据说延历寺僧人至今依然用唐音唱诵经文偈颂，是一千年前开山祖师最澄上人从唐朝天台山带到比叡山的唱诵法，历经战火兵燹焚毁劫掠，依然顽强地保留下来，让人感慨万千。

比叡山延历寺现存有根本中堂，大讲堂，文殊楼院，总持院，净土院，大乘院，檀那院，阿弥陀堂等处，散布山间，成为山林大道场。延历寺门迹还有妙法院、青莲院、三千院（合称天台三门迹），曼殊院，毗沙门堂，轮王寺等。在日本佛教中，最澄上人开创的天台宗占据了半壁江山。

比叡山延历寺是最澄上人本山大道场。最澄上人在日本被尊称为传教大师，与他同时代的空海上人则被尊称为弘法大师，两人均为日本本土佛教开山祖师，其遗泽流布至今。最澄上人又称睿山大师、根本大师、澄上人等，俗姓三津首，近江（今滋贺县）人（三津首家族系登万贵王系统，据说是汉献帝子孙，应神天皇时代东渡日本，定居于近江国滋贺郡，赐姓三津首。近江一带称献帝子孙的人很多。经薗田香融氏考察，滋贺郡确为华裔

传教大师 最澄上人像

来朝氏族，皆为后汉献帝苗裔，因氏族传承关系结成同族）。最澄14岁在奈良出家，在南都东大寺受具足戒。延历四年（785）七月，最澄和尚只身来到比叡山，结草建庵，修习道业。他的苦行很快就赢得当地善信的景仰，延历七年（788），在山中建成根本中堂，用来安置药师佛塑像，后改称一乘止观院。延历二十三年（804）四月，最澄奉诏与空海一起随遣唐使赴大唐学习佛法。同年九月，最澄自长安出发去浙江台州，参访高僧硕德，兼习禅密。空海法师则留在长安青龙寺，学习大唐密法。延历二十四年（805）五月，最澄结束了在唐求法活动，随遣唐使一起返回比叡山，奉敕修建大伽蓝，开创天台法华宗，比叡山因此也被尊为日本天台宗大本山。从地理风水上来说，比叡山正处于京都艮位，当时的恒武天皇于是将比叡山作为镇守京都的重地，一乘止观院则作为镇护国家的道场。最澄圆寂后恒武天皇将年号延历赐给比叡山寺庙，一乘止观院于是改称延历寺，一直沿用至今。

元龟二年（1571），战国著名武将织田信长火烧比叡山，延历寺僧死伤过半，山林化作余烬，寺庙仅存瓦砾，惨烈异常。不久后信长在本能寺之变中葬身火海，这大概也是业缘果报所致吧，非人力所可挽回。此后比叡山遗存僧徒受丰臣秀吉、德川家康支持，重建诸堂，恢复旧观，延历寺此后一直是日本佛教最大道场，比叡山因此被称为“日本佛教母山”，延历寺作为天台宗大本山，影响至今。

据《日吉神道密记》记载：最澄从大唐归国时带回了天台山

茶籽，播种在比叡山麓的日吉神社周边，成为日本最古老的茶园。至今在比叡山的东麓还立有“日吉茶园之碑”，其周围仍生长着一些茶树。这是日本最早有关种植茶树的记载，最澄上人是日本茶文化的开拓者。与传教大师最澄一同赴唐的弘法大师空海上人，在弘仁五年所撰《空海奉献表》中也有“茶汤坐来”等文字。

我一大早从寄庵出发，步行约二十分钟，就到了比叡山驿站。乘坐电车而上，沿途山道壁立，丛林繁茂，依然保持着数百年前的原始状态，让人叹为观止。进入延历寺山门，两边的宣传栏对日本佛教开山祖师做了简略介绍，有最澄上人、空海大师、荣西和尚、亲鸾、日莲上人等。因为是天台宗大本山，对最澄上人介绍最为详尽。根本中堂因为正在维修，没能够进去参访，引为憾事。大讲堂、文殊楼院、总持院、净土院、大乘院、檀那院、阿弥陀堂等，则一一参访，悉数礼拜，以表示对古圣先贤的敬仰之情。在文殊楼院北侧，立有一方巨大的刻石，是已故中国佛教协会会长赵朴初老居士为比叡山延历寺创立一千二百年纪念所作的一组汉俳。纪念碑背倚翠松，前对文殊楼塔，雄伟殊胜。我在纪念碑前伫立良久，以赵朴老原韵奉和三首汉俳曰：

朝辞终南山，远赴东瀛秋未阑，正道在人间。

得得我独来，唐煎宋点次第开，阿谁坐莲台？

日吉神社御茶园献茶

箫曲供养

明月照我心，先贤慈悲度众生，高野川声平。

参访完延历寺，已经是中午时分了，于是去延历寺会馆用午斋。这里环境优雅，食物清洁，我点了一人份素食料理套餐，有一大碗乌冬面、一小盘天妇罗、一小碟精美小菜、一碗白米饭。窗外就是琵琶湖，一边品尝精进料理，一边眺望琵琶湖美景，一边回忆最澄上人当年开创比叡山的种种事迹，空怀感念。千

日吉神社茶园

年之后我也追随大师脚步，前来比叡山下修筑东茶院，取名“寄庵”，并效仿当年最澄上人故事，将从天台山带来的茶籽又一次播撒在比叡山麓，说起来这也是夙世注定的因缘吧。

中华煎茶道起源于唐代初期，开创者为神秀禅师弟子降魔藏禅师。在此基础之上，百丈怀海禅师制定《百丈清规》，首次将煎茶仪轨引入禅僧修行生活中，流布丛林。此后陆羽著述《茶经》，将禅宗丛林的煎茶礼仪普及到王公贵族以及文士间，形成了煎茶道。唐代以煎茶道发轫，开启了中华茶道文化的宏大气象。宋代则以点茶道独领风骚，使中华茶道文化最终得以形成。明代继承唐宋遗风，以烹茶法大兴于世，晚明则开启了后代泡茶法先声。宋明茶法流传朝鲜、日本，形成日本茶道和韩国茶礼。

从茶道文化传播途径上来说，日本最澄上人堪比唐代降魔藏禅师，是日本茶道文化的开创者，比叡山也是中日茶道文化交流的一座圣山。一千两百年之后，我个人因为种种因缘，也将茶室修筑在比叡山下，日本参访寻踪的第一站，则是比叡山延历寺，冥冥之中自有定数，非人力所可理会。

回到寄庵已是掌灯时分，茶室独坐，一盏茶汤，一丛青苔，我独自消受着这份清寂与安然。人生的况味大概就是如此吧。繁华之后总会归于清寂，而这清寂的背后，却是世人难以理解的慈悲和希冀。

荣西禅师茶碑

八百年前的那个秋天，一位离开国家已近五载的僧人终于返回日本，他卸下行装，甚至来不及喝一口水，就将包裹在布囊里的几十粒种子洒在寺院后面的空地上，这是他从遥远的南宋带回来的珍贵礼物——茶籽。

这是他第二次去南宋了，他这次西行除了学习禅法，还要学习那里的生活方式，特别是南宋僧人点茶供佛的茶道礼仪。他要改变日本人不懂得吃茶的陋习，因为这不但不利于身体发育，也对日本民族文化发展有影响。

这位僧人就是后来被尊称为“日本茶祖”的著名禅僧——荣西和尚。

> 茶者，末代养生之仙药也，人伦延龄之妙术也。山谷生之，其地神灵也。人伦采之，其人长命也。天竺、唐土同贵重之，我朝日本亦嗜爱矣。从昔以来自国、他国俱尚之。今更可捐乎。况末世养生之良药也，不可不斟酌矣。
>
> 贵哉茶乎！上通神灵诸天境界，下资饱食侵害之人伦矣。诸药唯主一种病，各施用力耳，茶为万病之药而已。

荣西和尚顶像

（荣西《吃茶养生记》）

这是《吃茶养生记》中一段文字，今天读来，依然感人至深。《吃茶养生记》是日本第一部茶书，荣西禅师被誉为日本茶祖。

荣西禅师（1141—1215），字明庵，号千光、叶上房，俗姓贺阳，备中（今日本冈山县）人。曾两次入宋，晚年写成《吃茶养生记》一书，并将这部书献给当时的幕府将军源实朝。

1154年，年仅十三岁的荣西登临比叡山，修习天台宗教义，十四岁剃发出家，十九岁再次登上佛教大本山比叡山，学习台密，受显意法师密法灌顶，此后掩关八年，藏经密修。出关后的荣西听闻中国禅法兴盛，如同当年最澄上人一样，希望能够远渡南宋，学习东土佛教正法，以匡救日本宗教时弊。仁安三年（1168）四月，二十七岁的荣西和尚乘商船由博多出发，抵达明州（今浙江宁波），并与同来自日本的俊乘房重源上人结伴，参访名山道场。在天台山供养茶汤时，感现异华于茶盏。参访阿育王山时，亲见舍利放光。同年九月回国，携回天台新章疏三十余部，共六十卷。荣西在中国参访时曾奉命祈雨修法，感得普降甘霖，蒙赐“千光”法号，因而世称“千光祖师”。

文治三年（1187）四月，荣西和尚再度入宋，由日本渡海出发，到达临安（杭州）。他原本希望经由南宋转赴印度求法，却因战乱辗转至赤城天台山，依止万年寺虚庵怀敞禅师修习禅法。虚庵禅师为临济宗黄龙派第八代嫡孙，在当时有很高

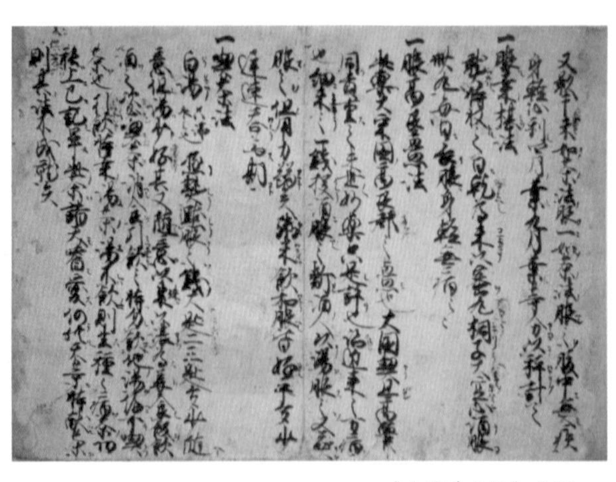

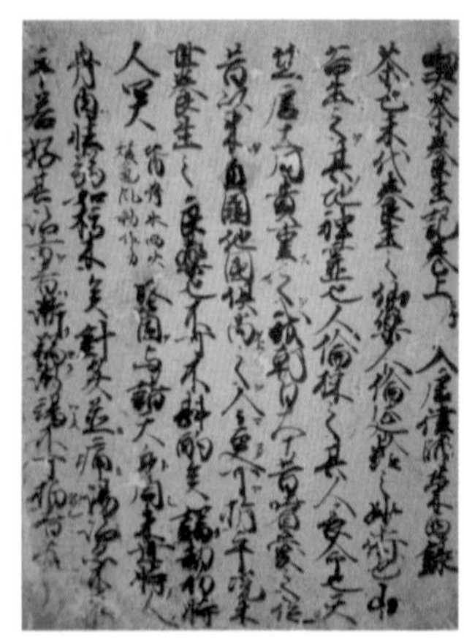

《吃茶养生记》书影

声誉，荣西在虚庵禅师座下参究数年后，终于悟入禅宗心要，得虚庵禅师印可。建久二年（1191），荣西向虚庵禅师辞行，虚庵禅师授予菩萨戒及法衣、印书、钵、坐具、宝瓶、拄杖、白拂等法物，以及禅宗二十八祖图，嘱咐他归日本弘扬临济宗禅法。荣西于七月中旬乘宋人商船返归故土，并将南宋茶籽带回日本。那一年，他50岁。

两宋时期中国禅法昌盛，禅寺茶道礼仪齐备，备茶、煎水、点茶、吃茶等，都有严格的礼仪要求，禅门称作“清规”——用来指导和约束禅宗行人日常生活的守则要求。饮茶具有醒脑、消食、助禅的功效，吃茶时礼仪、行持也成为禅僧日常生活的重要功课。荣西禅师在引入宋朝临济宗禅法的同时，也将禅寺饮茶礼仪引入日本，先后在镰仓寿福寺、博多圣福寺、京都建仁寺开辟茶园，采茶制茶，仿照南宋禅寺吃茶礼仪，教导僧众精进禅修。可以认为：荣西禅师不仅将南宋茶籽以及吃茶方法带回日本，更重要的是将“禅”的精神灌注到茶事过程中，为日本战国时期草庵茶道的确立奠定了基础。

元久二年（1205），荣西接受镰仓二代将军源赖家的庇护与皈依，在京都建立首个禅宗道场——建仁寺，并任建仁寺主持。弘扬临济宗禅法的同时，他大力宣扬禅宗茶道和吃茶法门，很快就在京都产生了巨大影响。

建历元年（1211），荣西撰《吃茶养生记》一书，建保二年（1215），源实朝将军患热病，宿酒不醒，年近古稀的荣西和尚亲献茶汤，并进《吃茶养生记》一书，源实朝将军病体得愈。建

荣西禅师茶碑

保三年（1216）夏天，荣西和尚示现微疾，午后安详迁化，世寿七十五，法腊六十三。

八百年后的这个秋天，我独自来到京都建仁寺。一碗热气腾腾的素味乌冬面、一盏绿沫漂浮的茶汤、几块和果子，温暖人心。我穿过花见小路，沿途欣赏古老街市、神社、寺宇以及满树红叶，为这千年古都的秋色而惊艳着迷。千光祖师当年也是这样一路走来的吧？带着来自南宋的经卷和茶籽，伴随着祇园钟声，

与建仁寺云林院宗硕法师在茶碑前

在一方巨石上独坐。残阳暖照，红叶飘零，刻有“临济宗大本山建仁寺”几个汉字的石牌伫立在山门口，衬托着满树红叶和黝黑的山门，发人思古之幽情。

建仁寺仿南宋百丈山而建立，以方丈室、法堂、三门、放生池为中轴线，右侧有兴云庵、堆云轩、久昌院、禅居庵等院迹，左侧有昆沙门天堂、开山堂、虚洞院、建仁寺僧堂等建筑，以及荣西和尚墓所、茶碑、茶园、洗钵池等遗迹。

开山堂入口处伫立着“千光祖师荣西禅师入定塔”石碑，

“千光祖师荣西禅师入定塔”石碑

在斑驳的秋阳落照下更显雄伟。“荣西禅师茶碑”位于三门西侧，茶树结垣，护以竹篱，庄严肃穆。茶碑旁有几株粗大的松树，枝干虬曲，布满青苔。茶碑后为“平成茶苑”，茶园不大，茶树看上去有近百年树龄。据说“平成茶苑”现在仍由寺内僧侣亲自照顾，每年5月初开园，摘采制作后作为6月5日“御开山每岁忌”重要贡品，用来祭祀和供奉建仁寺开山祖师荣西禅师。

现在是秋天，我独自站立在茶碑前，洁白的茶花映着红叶，彼此静默。回想起那个秋天，荣西禅师将来自南宋的茶籽播种在筑前国背振山及博多圣福寺，又赠送明惠上人三粒茶籽，播撒在京都高山寺栂尾，不久分植于宇治，为宇治茶园之始。许多年之后他又在建仁寺种植茶园，用来供佛、布施、助禅。此后经过两个世纪的精心培育，栂尾茶名扬全日本，日本人甚至称栂尾茶为

（明）沈周《蕉荫琴思图》（副本）

“本茶”，其他地方的茶为“非茶”。

八百年时光很快就流淌过去了，如今这些茶树已经长得有拇指粗细了。幽雅的环境，湿润的空气，这里是最适宜茶树生长的地方。茶树分蘖很茂密，茶芽绿嫩，如果你凑近了去观赏，能看到绒绒茶芽上凝结着的颗颗晶莹的露珠。每到春天，寺院里的僧人们依然会来到茶园里采茶，并沿袭古老的茶叶加工方法进行制作。茶叶冲瀹方法也是寺院里一直流传下来的，是当时南宋皇族、僧侣、文人雅士常用的茶叶冲瀹方法——点茶法。

如今的中国人已经完全忘记了唐宋以来茶汤的滋味和烹饮方式，他们对茶筅、汤瓶感到陌生，甚至连建盏和茶汤也认为是日本茶道专用，而不敢正视。那持续了将近八百年的唐宋茶汤的纯正滋味，是中华民族关于茶汤的原始记忆，此后的工夫茶和泡茶法是清代以后才出现的，保留了少数民族入主中原的饮食习俗。

> 对晚近的中国人来说，喝茶不过喝个味道，与任何特定的人生理念并无关联。国家长久以来的苦难，已经夺走了他们探索生命意义的热情。他们慢慢变得像是现代人了，也就是说，变得既苍老又实际，那让诗人与古人永葆青春与活力的童真，再也不是中国人托付心灵之所在……经常地，他们手上的那杯茶，依旧美妙地散发出花一般的香气，然而杯中再也不见唐时的浪漫，或宋时的仪礼了。（岗苍天心《茶之书》）

> 南宗禅学在日本的流传，带动宋朝饮茶仪礼，终于建立了独立于佛教信仰，专属于世俗风情的茶道仪式，自此日本茶道正式问世。1281年，日本成功阻挡蒙古大军的入侵，使得宋代文化能够在日本继续发展。在日本人的手上，茶所代表的，是对生命精彩之处的信仰。茶道思想，其实是道家思想。（出处同上）

天光暗淡，红叶飘零，有雨落下。

细雨迷蒙，茶碑的字迹有些模糊，该返回寄庵品饮一盏茶汤了。

在家禅

禅有寺庙禅，有在家禅。禅宗最初由达摩祖师传来东土，无论出家在家，都可以修习，原本是不分寺庙禅和在家禅的。但因为历代参禅者大都是出家人，住在禅寺丛林中，所以我们给它一个名称：寺庙禅。历史上的各宗各派，沩仰宗、临济宗、法眼宗、曹洞宗、黄龙派、杨岐派，都是寺庙禅。所以寺庙禅有两个特征：一是参禅者为出家人僧众，二是都在寺庙丛林里参禅。与之相应，居士在家里或精舍里修习禅法，就称作“在家禅”，以便和“寺庙禅”相区别。

在释迦牟尼佛时代，就已经有出家修行和在家修行的传统，大家所熟知的维摩诘居士，就是在家修行的，成就相当了不起。《维摩诘经》中说：“虽为白衣，奉持沙门清净律行。虽处居家，不着三界。示有妻子，常修梵行。现有眷属，常乐远离。虽服宝饰，而以相好严身。虽复饮食，而以禅悦为味。”沙门，就是出家人的意思。维摩诘居士是在家人，所以称作“白衣”。

禅法传入中土，虽有“如来禅”“祖师禅”的分别，但都局限在丛林寺院或茅庵里传承，因而有马祖建道场、百丈立清

东海一休宗纯禅师一行书

泰国清迈佛塔前礼拜，供养茶汤

规的说法。除了沙门，在家居士有成就者也很多，如傅大士、庞蕴、甘摯、裴休等。而凌行婆等许多女众成就也不可思议，都可视为“在家禅”的践行者。早期的在家禅仍以参禅、坐禅、行禅为功课，和寺院丛林禅修法门并无不同，区别仅是以白衣身份修行而已。

将“在家禅”这个概念与在家茶人的茶道修习相联系是日本京都学派学者久松真一先生的首创。前文说过，日本茶道的核心是“禅”，所以用在家禅来形容茶人的茶修生活是很恰当的。久松真一先生对茶道的推广在近代颇为有力，他认为：“茶道文化是以喫茶为契机的综合文明系统，具有综合性、同一性、容纳性。其中有艺术、道德、哲学、宗教以及文化的各个方面，其内核是禅。”（久松真一《茶道文化的性格》）“闲寂茶将禅从禅院移到在家的露地草庵，将禅僧转化为居士之茶人，创造了禅院、禅僧所不能的庶民文化。说得夸张一些，闲寂禅也可以说是禅的宗教改革。”（久松真一《茶道之哲学》）此时茶人是以在家居士的身份而行禅修之事，以茶室为道场，以茶汤为方便，以喫茶为机锋，来教化参与茶席之有情众生。久松真一的“在家禅”可以看作是唐代赵州和尚“喫茶去”禅风的延续，是皎然禅师“三饮便得道，何需苦心破烦恼”的演绎。另外，他提出的“不均齐、简素、枯高、自然、幽玄、脱俗、静寂”（久松真一《禅与美术》）茶道美学七则也成为日本现代设计理念的核心。

久松真一的“在家禅”的核心内容是：茶室就是我们的修习

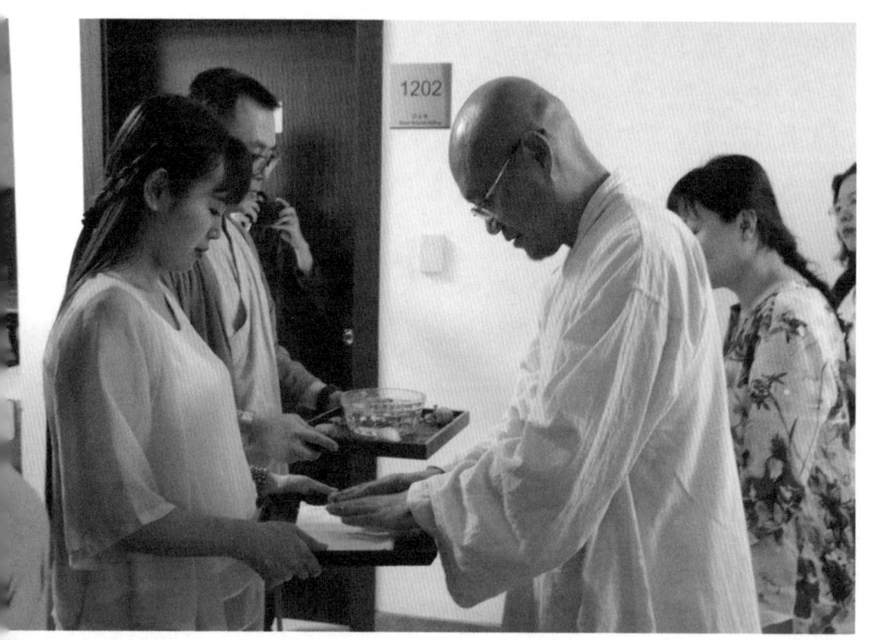

茶禅生活

道场，我们通过茶修来达到禅悟的境地，法门不一样，殊途同归，条条大道通长安。利休居士在《南方录》里说："小草庵里的茶道，乃是以佛法修行得道为第一。屋不漏雨，食能果腹，衣能蔽体，足矣。"又说："所谓茶道，不过烧水点茶而已。"日本茶道的最高理念来源于禅宗，其核心是禅。茶道最高境界就是禅悟的境界，也就是大家常说的茶禅一味。没有这样的精神诉求，没有这样的真实体悟，说再多都是口头禅。

茶庭、露地、步石、洗手钵、石灯笼等，皆是茶室道场的延续。寂庵宗泽曾说："茶意不可以词说之，不可以容教之，而在于观己而领解，此乃教外别传。”（寂庵宗泽《禅茶录》）禅宗直指灵山一会，是佛教的“教外别传”；茶道首创于初唐，是禅宗的“教外别传”。此时茶室居士担任俗世“禅者”的角色，以茶室露地为道场，进行茶道修习，以期领悟禅意。山上宗二也说：“茶汤出自禅宗，专于禅修。珠光、绍鸥皆禅宗行人。”

茶人以在家居士身份而行禅宗之事，以茶室为道场。在这里，茶室已不仅仅是世俗间的一座建筑，而是茶人修行的道场，远离世俗，远离尘纷，成为茶人心目中的白露地。茶室还包括茶庭、茶寮、水井、茅亭等建筑，使茶人得以安顿身心，专事茶禅修习，在煎水烹茶过程中，在茶烟水声中，在季节更迭和人世变迁中，安顿身心，最终领悟生命实相。

茶禅生活

久松真一的在家禅尤其适合我们现代人。禅，是上上根器人修的。正如《六祖坛经》里说的：“此法门是最上乘，为大智人说，为上根人说。”茶，是全

东茶院茶道室

世界认可的一种饮料，人类所有饮料之中，最早以专文著述的就是茶了（陆羽《茶经》）。陆羽首次将普通茶饮料提升到了文化和精神品饮的高度，对茶道文化有巨大贡献。如果说禅适宜于上上根器之人，那么饮茶就是普罗大众所共有的法门了。将两者结合起来，就能利益一切众生。通过劈柴、担水、煮水、煎茶、奉茶、饮茶这些事项的锻炼，通过参禅、坐禅、行禅这些理上的体悟，使我们身心安定下来，发露智慧，从而明了茶禅之味。

这里大家要注意，我们提倡在家禅，绝不是要和“寺院禅”对立，而是为了补充寺院禅之不足，是为了将佛陀教诲传播给更多有缘人，也是对当前佛教世俗化、商业化、利益化的一种反思。如果能从茶道修习入手，不啻是一个方便法门，最适合我们这个时代众生根基，堪称无上甘露法门。

茶室露地，既是茶人的修习道场，也是佛陀的教诲道场，也是选佛场。茶禅一味，禅净一如，煎水烹茶，发露真如，在茶室露地得到圆满之体现。进入21世纪，宗教、哲学、人类社会愈趋多元化，茶道修习、“在家禅”这样的禅修方式会愈来愈受欢迎，很可能会成为禅法的主流。

茶禅生活

茶禅生活是茶人以茶汤作载体，进行茶道修习的生活方式。在今天这样的社会环境下提倡“茶禅生活”，是很有意义的一件事情。要了解茶禅生活，首先要了解“禅”这个字。

“禅”，也写作“禅那”，是从巴利文和梵文翻译过来的，是思维修、静虑的意思。其原意就是让我们的身心沉静下来，从而体悟到生命的“本原”。“禅”不一定要坐在那里，不一定要单盘或者双盘，所谓“行亦禅，坐亦禅，语默动止体安然”（永嘉禅师《证道歌》），“禅”是一个共修的法门。

拈花微笑

禅这个修行法门最初由菩提达摩——印度禅宗第二十八代祖师——传来东土。那么禅宗在印度最早是怎么产生的？世尊在世的时候说法四十九年，讲经三百余会，讲经的地方大多都在祇树给孤独园和灵鹫山。譬如大家所熟悉的《金刚经》，就是在祇树给孤独园讲的。而禅这一法门，则是在灵鹫山开创的。这个公案出自佛门经典《大梵天王问佛决疑经》，也称作《问佛决疑经》。世尊这次在灵山没有说法，而是拈花独坐，花是大梵天王方广供养的一枝“妙法莲金光明大婆罗花”，就是金色的莲花。佛拿起莲花看着随众，随众也看着佛，感到很奇怪，只有迦叶尊者微微一笑，领悟了佛陀的意旨。所以佛陀就说：“吾有正法眼藏，涅槃妙心。实相无相，微妙法门。不立文字，教外别传。付属摩诃迦叶。”

这就是禅的开始，所以禅最早是从拈花开始的，我们说“禅

大本山天龙寺禅堂

是一枝花”就是从这里来的。“禅”是很潇洒、很自在的，是自然而生的。可以拈花，可以歌唱，可以舞蹈，可以微笑，禅就是一缕清风，一座青山，自由自在。但是你要有悟性，要像迦叶尊者那样看到佛陀拈花就开悟了，破颜微笑。一千二百五十个随众当时都没有明白世尊此举的意味，只有迦叶尊者悟道了。

禅意生活

我们现在学习禅，了解禅，过一种自在的禅意生活，看似很容易，其实不然。参禅，要有相当的基础，既要了解中国传统文化精髓，也要有禅宗方面的实际修持才可以。那么禅意生活是怎样一种生活呢？下面我们从四个方面来分析。

第一，禅意生活是一种简约的生活。一个人想把生活过得复杂不难，过得简约就不容易了。我们现在的生活都太过于复杂，无论是老总还是员工，一天到晚似乎都很忙碌，都有做不完的事情。这就不是简约的生活，而是一种加负的生活。这不仅和我们的社会环境有关，也和我们的心态有关。我们总是有很多想法，总想做很多事情，这都是身心还没有静下来缘故。当你的身心真正静下来了，会发现自己真正的所需所求并不多。

已故韩国法顶禅师在《山中花开》中有一段话写得非常好，“在我的屋子里面，所有的用器有一件就够了，再多一件便是奢侈品”。读了他的话我很惭愧，因为在我的屋子里有一只宋代的建盏其实就已经够了，但还是有两只。当然它们不是奢侈品，而是用来招待朋友一起饮茶的。如果仅仅是为了自己享用，那就是奢侈品了。这就是其中的差别，这就是禅意。

第二，禅意生活是一种清贫的生活。简约不是以一个人所拥有的物质的多少来衡量，简约是一种生活方式，是一种心态。把这种简约生活具体化，也就是我在《岭上多白云》一书中所提出的生活理念："过清贫生活，重建人格尊严。"简约生活就是一种清贫生活，清贫生活不是指没有饭吃、没有衣穿，穷困生活和清贫生活不是一个概念。穷困生活不仅是物

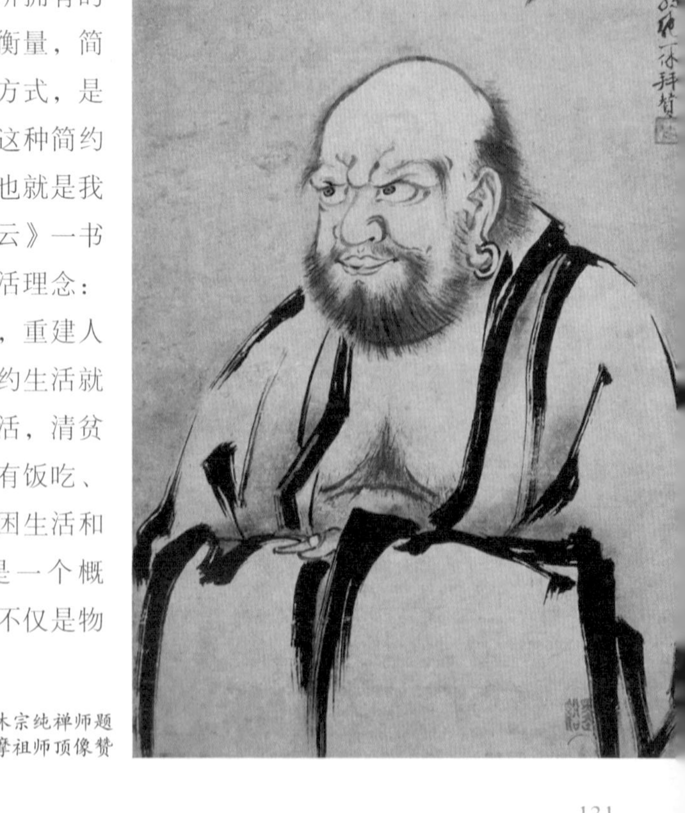

东海一休宗纯禅师题达摩祖师顶像赞

（明）仇英《竹林七贤图》

质上没有保证，精神上也同样像乞丐般贫穷。相对而言，清贫生活指的是物质得到基本保证，而精神生活非常富有。清贫生活是有所取舍的，是从繁复转向简约、从奢靡转向清贫。

清是不沾染，是人品和人格的一种境界，即所谓的“人到无求品自高”；贫不是一贫如洗，要大家过“食不果腹，衣不蔽体”的原始生活。“贫”是一个“分”一个“贝”，是将自己的财富分享给更多更需要的人，这是贫；将他人财富据为己有，这是贪，清就是不贪。所以清贫生活是指一种志趣高雅、简约自然

的生活方式；放下对外界的执着，放下对物质的贪欲，过一种自在的生活，这就是禅意生活的开始。

第三，禅意生活是一种自在的生活。现在好多人都感觉不自在，因为他们都不是为自己而活。父母为儿女活着，儿女又为父母活着，每一个人都活得很疲惫，很不自在。我们最难改变的是我们的观念，这是从小养成的，每一个人都被自己的观念和想法所封锁，真正的枷锁不是外在的，而是内心的。正如老子所讲“圣人恒无心，以百姓之心为心”，亦如释迦牟尼佛说法四十九年，讲经三百余会，却认为自己没有说过一个字。所以自在的生活一定在于我们自己的取舍，一定要让自己的心量

（明）仇英《竹林七贤图》

放大，不要总纠结于一个小小的空间、一段小小的时间，甚至一段短短的情感。这些都是心量不大、智慧不圆满的表现。

古语有云："人生不如意十之八九"，人生之所以不如意的事情有十之八九，就是因为我们的心量太小，只有一二分，所以不如意的事便有十之八九。如若心量有八九分，那不如意的事也就只有一二分了。真的心量大了，放下了，便得自在了。"自在"两个字来自《心经》："观自在菩萨，行深般若波罗蜜多时，照见五蕴皆空，度一切苦厄。"我们现在使用的很多语词都来自佛经，譬如“单位”“主席”“书记”等。观是向内观，看自己的心是不是真的清净了，心量是不是真的大了，这些都是“观”的功夫。真正放下了，心量真正大了，便能得自在。庄子在《逍遥游》中所说的“御六气之辩，以游无穷者”是一种大自在，但是还有更大的自在，那就是“芥子纳须弥”。所以真正的自在是既不为外界环境所限制，也不为内心欲望所制约，而与天地万物相往来，与万法为侣，做逍遥之游，这才是真正的自在。

第四，禅意生活是诗意的生活。我们这个时代是一个缺乏审美趣味的时代，庸俗浅薄的娱乐文化盛行，市场化和商品化的逻辑占据了主导，人心普遍急功近利。很少有人能安安静静坐下来为自己煎一碗茶，为自己焚一炉香，为自己弹一只曲，甚至为自己吃一顿饭。整个社会都步入一种病态的忙碌之中，长此以往，后果不堪设想。现在国家职能部门一些有识之士似乎也意识到了问题的严重性，开始提倡和弘扬传统文化，可谓“亡羊补牢，犹未晚矣”。

诗歌，是中华民族代代传承的最宝贵的精神财富，所以诗意的生活应该从最早的《诗经》开始，从唐诗宋词开始。《诗经》共有三百零五篇，从西周到春秋八百多年，由采诗官采集整理而成，分为风、雅、颂三个部分。“风雅”二字就是来自于《诗经》。

自汉唐以来，文人雅士之间的交流都是以诗歌的方式进行。像白居易的《谢李六郎中寄新蜀茶》就是因朋友寄茶来而写，以表示感谢；卢仝的《七碗茶歌》也是为了感谢同僚送来了好的茶

京都吃茶

叶而写的。白居易在雪天饮酒，忽然想起刘十九，就写下一首《问刘十九》的诗“绿蚁新醅酒，红泥小火炉。晚来天欲雪，能饮一杯无？”让童子送去刘府，邀刘禹锡一起来饮酒。

诗有“风、赋、比、兴、雅、颂”这六义，其中，“风”“雅”“颂”三者指体裁，“赋”“比”“兴”三者指表现手法。诗还有“兴、观、群、怨”这四德。可以说，中国古代有非常发达的诗歌文化，可惜现在已经衰弱了，我们不但失去了诗的精神，也失去了诗的趣味，更失去了诗的风骨。这不能不说是中华文明最大的一种悲哀。

茶禅生活

以上我们从四个方面对禅意生活作了简单的解说，而要把禅意生活理念落实在生活里，就要从煎茶、焚香、插花、书法、绘画、音乐等艺能开始。要把这样的禅意落实在每一天的生活中，落实在自己的行住坐卧中，从为自己冲瀹一碗茶汤、焚一炉香、插一瓶花开始，从正坐开始，从折叠茶巾、抹拭茶碗开始。真能如此，可以说你已经步入了茶禅生活或者说禅意生活的大门。

禅在哪里？禅意生活又在哪里？就在我们每个人清净美好的心怀里！

宋代词人辛弃疾有一首《青玉案·元夕》词，很有意味：

东风夜放花千树，更吹落，星如雨。宝马雕车香满路。

茶道挂轴

> 凤箫声动，玉壶光转，一夜鱼龙舞。蛾儿雪柳黄金缕，笑语盈盈暗香去。众里寻他千百度，蓦然回首，那人却在，灯火阑珊处。

“众里寻他千百度，蓦然回首，那人却在，灯火阑珊处。”这既是讲爱情，也是讲禅。禅就在不经意处，就在无思虑处，“归来手把梅花嗅，春在枝头已十分”。禅不在别处，就在眼耳鼻舌身意所接触处，就在我们每个人心里。真的领悟了，这就是智慧，这就是禅，是人生的最高享受。从此开启我们的生活——充满禅意的生活。

第三部

茶禅一味

［日］狩野元信《灵云观桃》

茶禅之味

我们现在经常听到“茶禅一味”这四个字，或者说“茶禅之味”，要做到“茶禅一味”除了要对禅悦之味有深刻的理解外，也要对茶味有一番体悟。如果没有煎水烹茶的践行，没有对禅修的体悟，就仅仅是“口头禅”而已，毫无实意。

茶道修习和禅修有很深的渊源。早在一千多年前的初唐时期，泰山降魔藏禅师已经在禅僧中提倡饮茶了，这是最早有关饮茶与禅修的记载。此后百丈怀海禅师立《百丈清规》，陆鸿渐著《茶经》，茶道文化在唐代开始盛行，宋代的时候传入日本，渐次形成了日本茶道。

日本茶道的核心是“禅”字。日本茶人在习茶前必须有三年的习禅经验，期满悟道，经禅师赐法号后再进行茶道修习，意思是悟道后就可以修习茶道了，所以茶道修习并非许多人理解的那样简单，虽然利休也说过“所谓茶道，不过烧水点茶而已”这样的话，但那是他在堺市南宗寺笑岭宗欣禅师座下获得“宗易”法号以后的事情，也就是说，当时他已经获得了禅师的认可。

日本草庵茶初创者村田珠光在一休宗纯处领悟禅意后，在

妙心寺内方丈室

京都修筑草庵，以茶道进行佛法修习，这是日本茶道最初的形式。日本茶道从村田珠光开始，一直到千利休，所秉承的都是草庵茶精神。中国茶道完成于唐代初期，最早的形式也是草庵茶，松间林下，一间茅舍，一座草庵，煎茶道最初就是这么形成的。草庵，其实就是茶室的简称，土坯房，竹篱笆，草棚顶，纸糊窗户，是很简陋的一间茶室。珠光曾讲过这样一句名言："草庵前系名马，陋室里设名器，别有一番风趣。"茶人居住在简陋的草庵茶室里，过的是一种简朴、清苦的生活。内心却是满足的，充满了快乐。这种对茶道精神的理解，对禅意生活的追求，就是禅。

什么是禅意？真的领悟了，处处都是禅，青青翠竹、郁郁黄花都是禅；如果没有领悟，即使坐在禅堂里面也会觉得没有意思，没有禅意。真正的禅是什么？是对于日常生活的一种体悟，汲水劈柴，烧水烹茶，以及饮茶、行茶，如果真能用心其中，那就是禅；如果心没用在上面，就不是禅。禅不是说非要打坐才有禅意，而是要将禅落实在自己的生活里，心里就会充满禅意。禅不是一种死板的东西，不是一种人为规范的东西，禅是活泼泼

京都一休庵吹箫

韩国釜山茶会

的，当你要去追求它的时候，你可能就远离了它；不要刻意去追求它，当你真正明白什么是禅的时候，你的一举一动、一言一行，乃至行住坐卧就都有了禅意。

禅并非禅宗所特有，禅是共法。当你真的对世间某些事情有了领悟之后，这就是禅。禅只是一个名相，是我们对这个世界、对人生、对社会，包括对一碗茶汤的感悟。

那么，什么是茶禅之味呢？

我们先说说茶味。饮茶并非简单的吸香啜味而已，而是要通

北野天满宫烹茶

过煎水瀹茶这些具体的茶事程序，以期证得一盏茶汤的真实意味。这样的品饮过程就称作“喫茶”。古代饮茶都称作喫茶，古文里吃东西的“吃”都写作“喫”，“吃”是汉字简化后的写法。《说文解字》里解释“喫”说：从口，契声，本意为吃东西。卢仝《走笔谢孟谏议寄新茶》：“柴门反关无俗客，纱帽笼头自煎吃。”“吃”“喫”在此处都作“饮”解。

作为茶道修习，喫茶不仅是我们日常生活的一部分，更是我们的日常功课。在每日的茶事过程中，对于诸如备器、煎水、投茶、煎茶、出汤、奉茶、饮茶这些程序，都应该认真对待，不可粗疏和敷衍。譬如备器，凡茶巾、茶垫、茶瓯、茶盏、茶釜、茶杓、水瓢、水缶等都应该事先抹拭干净，按一定的次序和位置摆放整齐。茶事完成后要收回器具，同样应该将每件茶器抹拭干净，放入茶橱，以备下次使用。这些虽然都是一些细微事情，但煎茶道修习，必须从这些细微处做起。佛家说的“三千威仪，八万细行”就是这样的用意。

参禅，不但是禅修的基本法门，也是禅宗行人的日常功课。禅宗属于教外别传之法门，直指灵山一会。佛陀拈花，迦叶微笑，后经达摩祖师传来东土，又经历代祖师证悟宣扬，在中华大地渐渐兴盛起来，形成大陆佛教一个重要宗派。参禅要真参实悟，要肯承当，明了心即是佛，佛即是心，心佛不二，生佛不二；所谓“夜夜抱佛眠，朝朝还共起。起坐镇相随，语默同居止。”（傅大士偈颂）佛陀在华严会上说：“奇哉，一切众生，皆有如来智慧德相，但以妄想执着而不能证得”，说明佛性人人具足，个个现成，只因妄想执着而不能证得；若离妄想执着，一切现前。正如古德所说的：一念觉即菩提，一念迷即众生。要念念不迷，觉悟成佛，就应该在日常生活中用功，在日常喫茶中用功，喫茶喫饭，总成无上妙用。

我们饮茶也是这样。啜饮茶汤，并非简单的吸香啜味而已，而是要通过煎水瀹茶这些具体的茶事过程，来约束自己，勘验自己，最终证得一碗茶汤的真实意味。要证得茶汤的真实意味，就应该以恭敬心、喜悦心、平等心以及清静心来品饮眼前这一碗茶汤，参究这一碗茶汤。此时茶味即是禅味，禅味即是茶味，茶禅互参，禅茶不二。喫茶即是参禅，参禅不异于喫茶。茶即是禅，禅不异于茶。这就称作茶禅一味，这就是参茶与喫茶的真实意义所在。

日本茶人武野邵鸥曾随南宗寺大林宗套禅师参禅，得到印可后开始草庵茶修习。邵鸥去世之后，大林宗套禅师在其肖像画

灵山白塔前茶汤供养

上题了这样一首偈子：“曾结弥陀无碍因，宗门更转活机轮。料知茶味同禅味，汲尽松风意未尘。”这首偈子写得非常好，茶、禅、净土都提到了，应该说这就是日本“茶禅一味”最早的出处，可惜好多人都忽略了，不知道有这么一首偈子。武野邵鸥是继村田珠光之后日本茶道非常关键的一个人，他将和歌的理论引入到草庵茶修习中，后来才有了千利休的茶道成就。

“禅”这个字很难用语言文字解释清楚，三藏十二部，包括世尊四十九年所说法，真正明白了，其实都是禅。简单些说，禅是我们对生命的一种感悟，是我们从生命中所得到的一种喜悦和智慧。佛经里说的禅悦之味，其实就是一种喜悦，是我们了悟生命真谛后所得到的一种喜悦。茶的味道是一种精神的味道，禅的味道是一种喜悦和智慧的味道，所以我们才有了茶禅一味之说。通过饮茶，可以品饮到禅味；通过参禅，也可以品饮到茶味。

日本珠光禅师说：“佛法存于茶汤”，已证茶汤真谛。赵州和尚当年接引学僧时，往往只说“吃茶去”，独得茶汤三昧。此时此处的茶汤已超越了茶品、水品、茶器、冲瀹方法等物质层面，直达心源，直面真我，直接体现茶道精髓。

唐代皎然禅师在《饮茶歌诮崔石使君》诗中写道：“一饮涤昏寐，情思朗爽满天地。再饮清我神，忽如飞雨洒轻尘。三饮便得道，何须苦心破烦恼。”这里所谓的“道”，就是茶禅之味。

说到此处，诸君或许依然如众盲摸象，毕竟隔着一层。到底此中意味如何呢？我们不妨也效仿古德一句曰：喫茶去！

南山吃茶

终南何有？有条有梅。君子至止，锦衣狐裘。颜如渥丹，其君也哉。

终南何有？有纪有堂。君子至止，黻衣绣裳。佩玉将将，寿考不忘。

这是《诗经·国风》《终南》中的诗句，“终南”就是终南山。这首诗我很小就读过，因为文字古奥，当时并不能理解。后来随着年龄及学识的增长，慢慢能理解了，以为和“青青河畔草，绵绵思远道”“西北有高楼，上与浮云齐”“少无适俗韵，性本爱丘山”等隽永的诗句一样，只是读来能发人深省，起人幽思，如此而已。后来读陶渊明、王摩诘的诗集，觉得很切合自己的心境，没想到后来与之发生了生命内在的关联。因为因缘和合，于是在终南山里有了自己的一个小庭院，遇到周末天气好的时候，到山里住几天，饮茶、吃饭、劳动，感觉很好，这首诗于我终有了不一样的感觉。

我住的是山民遗留下来的房子，虽然简陋，但很实用，冬暖夏凉，也很宽敞，这就是古代一直说的“终南茅蓬”了。

茅蓬也写作“茅棚”“茅舍”“茅屋”“茅庵”等，指很简陋的山林建筑，是出家人参禅修道的处所。终南山自古就是出家人最为向往的“道场”之一，“终南茅蓬”在古今僧尼心目中有着十分崇高的地位。时至今日,仍然能随处看见一些古代遗留下来的巨石和山洞，掩映在山林草木间，让人遐思。至于古代一些大德住过的“茅蓬”，由于年代久远，已经看不见踪迹了，唯余叹息。

住茅蓬的大部分都是佛教徒，有比丘，也有比丘尼。他们或一人，或两人，或三四人，终年居住在深山里，以茅屋遮蔽风雨，以火炕抵御严寒，渴饮山泉，饥餐果蔬，过着与世无争的隐逸生活。更重要的，他们以参禅、念佛为日常功课，实在令人敬佩不已。譬如唐代的隐山和尚，就留有一首很著名的偈子：“三间茅屋从来住,一道神光万境闲。莫作是非来辨我，浮生穿凿不相关。”再如南岳怀志庵主也有一首很好的偈子：“万机俱罢付痴憨,踪迹常容野鹿参。不脱麻衣拳作枕,几生梦在绿萝庵。”在古代，出家人求道心切，以明心见性为要务，所食仅为疗饥果腹，所居只要遮风避雨，所以条件往往很简陋，并非如我们后人心里所想象的那样“诗情画意”。

“终南茅蓬”自唐代起就很有名，出了许多高僧大德。自唐代以后，随着文化经济中心的南移，佛法也渐次南移，但终南茅蓬依然令后世的许多出家人士向往不已。近代如印光大师、虚云老和尚等都在终南茅蓬住过。时至今日，国运昌盛，佛法盛行，终南山里面住山的出家人很多，大都租用山民遗留下来的房屋，

（元）佚名《商山四皓图》（绢本）

（明）沈贞《竹炉山房图轴》

土墙泥瓦，蓬门茅舍，这就是当今的“终南茅蓬”了。

我在终南山的住处虽然也可称作“茅蓬”，但我住在那里时主要以饮茶、读书为主，闲暇时则种地、劳作，虽然也诵佛经，但远远不能算作“禅修”；而且居住条件也较好，天天有好茶吃，有好水喝，有好山景可以赏心悦目，却不能一心静修，说起来其实很惭愧。我曾在茅屋上题一副对联说：放下随缘得自在，

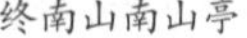
终南山南山亭

终南山禅室

终南山千竹庵茶会

搬柴运水且吃茶。虽然不免落入“自了汉”的小乘境界，却也是山居生活的一种真实写照。

记得王摩诘曾有一首诗：“中岁颇好道，晚家南山陲。兴来每独往，胜事空自知。行到水穷处，坐看云起时。偶然值林叟，谈笑无还期”，闲散中自有雅意，很耐品味。晋代的陶渊明中岁即隐居故里，也有诗说：“结庐在人境，而无车马喧，问君何能尔，心远地自偏。采菊东篱下，悠然见南山。山气日夕佳，飞鸟相与还。此中有真意，欲辨已忘言”，可谓已入化境，读来滋味非常隽永。他在《归田园居》一诗中曾这样吟诵道：“种豆南山下，草盛豆苗稀。晨兴理荒秽，带月荷锄归。道狭草木

终南山千竹庵茶会

长，夕露沾我衣。衣沾不足惜，但使愿无违。”细品诗意，颇有戒惧之意。

我曾将《诗经》中的诗句稍稍改动了一些，作为自己隐居终南山的一些写照：终南何有？唯杞与棠。君子至止，缁衣素裳。

我在蓬门上也有一副对联说：客至莫嫌茶味淡，山家不比世情浓。这是“借取”古代禅堂中的现成句子，稍稍改动一两个字而已。

山居简易，唯以了断凡情为要务。如果能有两三志同道合的朋友一起参究，饮茶说禅，高隐世外，最为得意。在此，如荠热诚欢迎茶友们闲暇时能来终南山如荠居坐坐。届时如荠必将洒扫三径，煎茶以待。如若井市白丁，不妨石边小憩，此时摩拳伸掌，做牛饮以解人间热渴，可谓快意。若是我素心茶友，何妨登堂入室，布茶器，展经书，得半日之清闲，抵十年之尘梦。此时蒲团默对，相忘瓯盏；山影入窗，茶息萦鼻；人生如此，不亦乐乎？

且到南山吃盏茶。

岱岳煎茶

泰山古称岱山，又名岱宗，自古被誉为五岳之首。

唐代诗人杜甫有《望岳》诗曰："岱宗夫如何？齐鲁青未了。造化钟神秀，阴阳割昏晓。荡胸生曾云，决眦入归鸟。会当凌绝顶，一览众山小。"首联暗用孔夫子"登东山而小鲁，登泰山而小天下"（《孟子·尽心上》）的典故；尾联说诗人终当有一天会登临岱顶，一览群峰朝拜的恢弘气象。这样的气概在杜诗里是比较少见的，我想大概是因为岱山给予诗人无限畅想吧。

这是我第四次来泰安，首次登临岱岳。前三次因为忙于中华煎茶道教学，没有时间登临泰山，只能读颂杜甫《望岳》诗句，聊以慰藉。此次恰值第六期中华煎茶道研修班结业之际，于是决定带领学生们一起登临岱顶，做一次中华煎茶道雅集，同时也弥补自己一直"望岳"而未能登临的遗憾。

从天外村乘坐大巴到达中天门，然后换乘缆车抵达南天门，最后步行登石阶，就进入传说中的"天庭仙界"了。南天门以上为岱顶，海拔1500米，面积约0.6平方千米。古代帝王来泰山封禅时，要在岱顶筑坛祭祀天地，告慰神灵，以祈求国泰民安。

（明）文徵明 扇面

封禅，是中国古代帝王在登基称帝之后来泰山举行祭祀仪式的称谓。按照古人的观点，泰山乃五岳之首，上通天庭，下临地府。这种大规模的祭祀活动不但关乎历代帝王统治地位的合法性，也和古人敬畏神明、尊奉自然的宗教信仰有关。所谓封禅，就是在泰山顶上筑土成坛，燔烧柴禾玉帛以祭昊天；“封”为“祭天”，“禅”为“祭地”，就是在泰山下的小山（梁父）上择地瘗埋牺牲祭品，合称“封禅”。

司马迁在《史记·封禅书》中引《管子·封禅》说：“古者封泰山、禅梁父者七十二家。”封禅和朝拜泰山是从秦嬴政开始被载入史册的，此后历代帝王纷纷效仿，都曾到泰山登封告祭，刻石记功。其中汉武帝七次东巡登封，声势最为浩大。元明以后改封禅为祭祀，据说乾隆帝曾十一次朝拜泰山，六次登临岱顶，大兴祭祀之礼，对泰山可谓“情有独钟”了。其用意无非是为了证明政权的合法性而已。

古人登泰山，从红门宫启程，一路攀登，才能到达“天庭仙界”。所以这条登山道路又被称作“通天之路”。沿途主要景点有斗母宫、经石峪、中天门、快活三里、五大夫松、朝阳洞、南天门、天街、碧霞祠、玉皇顶、无字碑等，大约有五六个小时路程。相对于古人而言，我们现代人幸运多了，可以选择乘坐大巴

和缆车登临岱顶，虽然不能完全满足攀登泰山游览名胜的心愿，却很适合休闲游览，既节约时间体力，又能饱览泰山雄浑壮阔景色，是一个不错的选择。我们此次到岱顶作煎茶道雅集，除了领略泰山初春景致外，更重要的是要以煎茶仪式礼敬天地，告慰神灵，所以就选择了乘缆车这种轻松愉快的登山方式。

缆车在南天门西侧月观峰停下，拾阶而上，途经快活三里、五大夫松、朝阳洞，就到达南天门了。古人有诗句说："人间四月芳菲尽，山寺桃花始盛开。"一路行来，连翘吐新，桃花灼灼，掩映在苍松翠柏间，令人心旷神怡。道路一侧店铺林立，有卖泰山小吃的，有卖旅游纪念品的，也有招徕游客住宿、拍照的，热闹非凡。虽然不是节假日，游人依然很多，其中不乏虔诚香客，从四方赶来岱顶烧香祈福。其中有白发苍苍的老者，也有清眉秀目的年轻人。有些老年香客走累了，就在沿途石阶上坐下休息，饮水，吃干粮，然后接着上路。也有一般闲人，只是图热闹上山，四处喧嚣叫嚷，制造一些“热闹”气氛、抛下一些人造垃圾。

我们一行先到碧霞祠礼敬泰山娘娘。此前周知一兄已和道观方面取得联系，李道长亲自出来迎接，带领我们进入大殿，烧香礼拜，得偿心愿。临出大殿时李道长又特意送每人一条福袋，寓意祝福。大殿外石阶上堆满了供品，善男信女们跪坐地上，焚香祷告，祈求福祉。道士们也很忙碌，添灯油、设贡品、接待往来善信以及抽签解卦等，忙得不亦乐乎。

碧霞祠里供奉的是泰山圣母碧霞元君。碧霞元君是道教尊奉的女神，俗称泰山娘娘，又有泰山圣母、泰山奶奶等名号，传说是东岳大帝之女，宋真宗时封为“天仙玉女碧霞元

君”。道经中记载说，碧霞元君是西天斗母的化身，在泰山修道成真，位证天仙，受玉帝之命，统领岳府神兵，照察人间善恶。民间传说碧霞元君能福佑众生，保护妇女儿童。她还有一个化身是送子娘娘，据说有求必应，很是灵验，吸引了国内外许多香客前来祈福求子。

出了碧霞祠，来到山顶宾馆，也是周兄预先安排好的，略略休息，开始用素斋。斋罢，从云泉汲来清澈山泉，烧开了，装到热水瓶里，宾馆专门派了服务生送下来，省去诸多不便。今冬以来泰山持续干旱，森林防火成了头等大事，山上自然不能起炉生

火烧水了。

雅集地点选在孔子庙西侧一块平坦山岩上，远看莲花峰，侧对西神门，松柏环绕，曲径通幽，游客罕至，是一处雅集的好地方。

拣去草丛石砾间垃圾杂物，又从周边松树林里拣拾一些枯枝断叶，松球也拣了一些，将松枝横斜在山石上，仿佛石隙间生出的怪松一般；然后铺茶席，摆放茶罐、茶则、茶匙、茶碗、茶盏等，又捡来几块残砖、两片残瓦，残砖用来放置烧水壶，残瓦用来贮放松球松叶，用作茶席“插花”。野外布置茶席就是这样，一定要和周边环境相协调，和大自然相融合，学会“借景”和“借物”，这样布置出来的茶席才真正有了生命力，具备自然天真之大美。

今天准备的茶叶是新春泰山女儿茶，是知一兄多年前打造的茶叶品牌，如今全国闻名，不仅造福泰山茶农，也为泰山茶叶发展找到了一条通途，可谓功在千秋。第一碗茶汤由我煎点，备

茶、投茶、润茶，煎点茶汤，礼敬东岳大帝，礼敬碧霞元君，敬献上苍厚土，也祈愿老天爷能普降甘霖，缓解今春旱情。

细嫩的茶芽在茶碗中绽放，那是春天的气息，聚集天地日月精华，是人间无上甘露。就用手中这一碗茶汤来祭祀吧，告慰天地，礼敬神明，使我中华文化得以延续，使我华夏道统得以光大。茶礼虽轻，诚心为重。《诗经·召南·采蘩》歌咏道："于以采蘩？于沼于沚。于以用之？公侯之事。"古人解释说："筐筥锜釜之器，潢污行潦之水，可荐于鬼神，可羞于王公。"（《左传·隐公三年》）祭祀之物原不在其贵贱，只在内心诚敬。孔夫子也说："祭如在，祭神如神在。"以茶汤行祭祀之礼，物事虽轻，其礼甚大，可谓"重于泰山"了吧。

我忽然想到初唐时期的降魔藏禅师。他辞别了神秀禅师，一个人来到泰山，把茅盖头，弘扬北宗禅法。历经十余年时间，禅风大兴；他带领僧众坐禅之余，又授以煎茶礼法，用来祛睡魔，暖怀抱，精进参禅，形成了“人自怀挟，到处煮饮，从此转相仿效，遂成风俗”的茶禅风尚。所在之处“多开店铺，煎茶卖之，不问道俗，投钱取饮”。“于是茶道大兴，王宫朝市无不饮者。”（唐·丰演《丰氏闻见记》）想来他一定也登临过岱顶吧？汲水煎茶，趺坐参禅，其茶禅之风惠及千载，余泽未泯。

山风猎猎，夕阳在岭，我和周知一兄盘坐在莲花峰上，不是为了观览风景，而是为了追慕先贤、缅怀古德。一只鹰隼从岱顶盘旋而下，箫声骤起，越过群峰，越过松林，随着那只急飞的鹰隼，隐没在群峰云雾之中。

那天晚上我做了一个梦，在梦境中，我又看见了那只鹰隼，疾风一般呼啸而过，叫声嘹唳，向乱云深处飞去。

我忽然从梦中惊醒了。

窗外落起了淅沥春雨，冷雨敲窗。

此日同行者：妙鹿、妙函、妙灵、妙慧

筇竹寺吃茶记

筇竹寺位于昆明城西十八公里处，始建于唐代贞观年间，后败落。元代名僧雄辩法师曾在这里结茅而居，时人仰慕法师清净梵行，募资建成梵刹。此后历经兵燹离乱，圮毁殆尽。现在的寺庙是在清代重建的基础上完成的，主体建筑和彩塑都是清代原创，是西南佛教文化圣地之一。

癸巳岁十一月十一日，和兰若山居道友，迎新、枝红、小黄茶友一行，上午从城西出发，经过黑林铺，转过玉案山盘道，很快就来到筇竹寺山门前。

因为不是节假日，寺庙周围很安静。远远望去，寺庙坐落在山林丛竹中间，清幽静谧，能呼吸到千年柳杉散发出的淡淡清香。沿着石阶而上，“筇竹寺”三个大字匾额映入眼帘，两侧的对联也饶有趣味：“世外人法无定法然后知非法法也，天下事了犹未了何妨以不了了之。”寓禅理于平淡中，发人深省。联想到前段时间筇竹寺方丈还俗结婚风波，此事后来也是不了了之，令人感叹。

筇竹寺并不大，占地约十余亩，山门、大殿紧紧相连，布局紧凑，结构精巧，有着浓厚的西南民俗色彩和滇中佛教寺庙的显著特征。时节虽已入冬，这里却看不出丝毫凋零之意。树木依然青翠，茶花开得正艳，青天白云，好鸟啁啾，季节仿佛轮回到了清秋，让我这来自北方的旅人叹羡不已。

筇竹寺里五百罗汉彩塑很著名，被誉为西南佛教文化瑰宝。罗汉塑像分别陈设在大殿东西两壁厢房，据说是清朝光绪年间四川著名彩塑艺人黎广修应昆明圆泰和尚之礼请，带领弟子赶来筇竹寺，历经七个寒暑完成的，虽然经历清末战火硝烟侵蚀，依然光鲜如初，让人惊叹。这些罗汉塑像均是西南世俗人装扮，连眉目神情都很酷似：有展读经卷的，有参禅打坐的，有背着布袋化缘的，有拄着筇杖行脚的，也有互相交头接耳、窃窃私语的，可

（明）文徵明《浒溪草堂图》（局部）

谓惟妙惟肖，刻画传神。人们看了这些彩塑罗汉造像后，往往能从中找到自己的影子，对号入座，堪称绝妙。

其中有一尊酷似“耶稣”的塑像，据说很传神。在西厢房的墙壁上我们找到了这尊塑像，打眼初看，的确和“耶稣”有几分相像，然而仔细辨认，应该是中国禅宗初祖达摩祖师的雕像，因为都是胡人打扮，世人就误以为是“耶稣”了，其实是个误会。

看完五百罗汉彩塑，礼拜过大雄宝殿，已到了午斋时间。和西南许多寺庙一样，筇竹寺也给参访者提供素斋，十元一份，价格很公道。素斋都用饭盒装着，不但卫生，味道也不错。迎新女史今天还特意带了一小瓶“般若汤”，用铫子温过，每人一小杯，不但解渴，也能祛寒。想来吾辈这样的雅意生活，大概连筇竹寺的五百罗汉也要称羡不已呢。

用完午斋，开始选择场地，布置茶席。

大殿后面是观音阁，沿着观音阁上去，是一道长长的游廊，游廊外是寺庙塔院。塔院左侧是过去方丈的精舍，现在人去楼空，大门紧锁，空余满阶落叶。右侧是一个很大的放生池，池边是祖师塔，塔周围摆着几张石桌石凳，是供游人休息用的，正好用来做今天茶会的茶台。

说是茶会，其实就我们三五人而已，但忽然想到东西两厢房的五百罗汉也可能过来托钵吃茶，今天的茶会也就不再冷清了。

世间的事情就是如此，如果我们能转换思维模式，结果也会随之改变，这大概就是境随心转的道理吧。枝红、迎新负责布置茶席，我和兰若山居充当助手，小黄在一旁拍照。茶炉很快就点燃了，煽尽余烟，将砂铫坐上去，开始煎水。水是从厨房里借来的，还算洁净。茶用云南普洱，待得水近三沸，开始冲瀹茶汤。

今天席主是迎新，枝红和兰若山居做客，我在一旁以洞箫相助，以添雅趣。

迎新、枝红布置茶席很用心，竹叶、笋壳、苔藓、山石、树叶等都各有妙用：笋壳用来纳放茶叶，树叶当作香炉坐垫，橘红色山果配着青翠竹叶，成为花瓶的主角，山石苔藓则为配景。可谓妙手偶得、自然天成。

利休居士曾言：茶席中的插花要取用山间野花，堪称名言。

冬阳暖照，映着嶙峋古塔，映着琥珀色茶汤，让人沉醉。

终南山现在已经是白雪皑皑了吧。山林间一片萧瑟，仿佛能听见行人沉重的呼吸。滇中依然温暖，丝毫感受不到冬天的气息。

箫声低婉，似在诉说岁月沧桑和人生无常，也诉说着心底的那一抹希冀。

茶汤的滋味甘淡醇和，隐约间有一股山林之气。古人曾有诗句道："煎水不煎茶，水高发茶味。大都瓶勺间，要有山林气。"（蔡元履《茶事咏》）所谓山林气，就是隐逸之气。吾辈今日能在古寺中煎一瓯水，吃一盏茶，吹一曲箫，大概也是一种暂时的栖隐吧。茶家所谓的"一期一会"，也就是如此吧。

茶罢，迎新、枝红又各画一小幅水墨画，以记录今日吃茶境况。滇中女子之娴雅，于此可见。我则乘闲到祖师塔后面的山坡上看竹子，浏览碑文。山坡上有很多丛竹，竹叶翠绿，竹竿挺直，节间突出，宛如筇杖。筇竹寺的名字大概也是因此而来的。

明宣德九年（1434）郭文《重建玉案山筇竹禅寺记》记载："玉案山筇竹禅寺，滇之古刹也。爰自唐贞观中，鄯阐人高光之所创也。"碑文还叙述了"犀牛表异，筇竹传奇"的神话。

阳光隐去，寒意渐生。我看完筇竹，读罢碑文，迎新、枝红也已画完小品，于是收拾行囊，准备返程。大殿一侧的蜡梅已经

开放，枝干虬曲，迎风吐香，沁人心脾，混合着喉间清甘茶韵，让人欢喜不已。

此日众人乘兴和诗一首，一并录下：

古寺映筇竹（如济），活火煮新泉（迎新）。
柳杉耀雄辩（枝红），天清云影寒（兰若）。
茶香滋味永，箫韵忆南山（如济）。

曼听公园饮茶

不知什么缘故，当我离开曼听公园的时候，心里忽然有一抹淡淡的忧伤。阳光明媚，游人络绎不绝，茶汤的轻甘滋味还在口吻间盈余，更加衬托出内心的落寞与惆怅。陪同我一起游览的朋友笑道：马老师是不是想家了？我淡淡一笑：也许吧。

此次出行，原本是计划之外的事情。古人所谓冬参夏学，冬天是收藏之季，最宜在家用功参究，不宜出门远行。只因已经接受了朋友邀请，自己正好也想到云南边陲实地考察一番，于是就匆匆上路了。屈指算来，离家已近半月，家人正在为临近年关而作各种准备，而我依然流连在南国风光里，享受着充足阳光和满山茶香，想起来很是愧疚。

汉代《古诗十九首·明月何皎皎》写道："客行虽云乐，不如早旋归。出户独彷徨，愁思当告谁！"《诗经·王风·黍离》也吟诵道："彼黍离离，彼稷之苗。行迈靡靡，中心摇摇。知我者谓我心忧，不知我者谓我何求。悠悠苍天！彼何人哉？"故国黍离之叹，不离于怀。而这样深沉的悲哀，又有几人能够真正明白？或许如同戏文里唱的那样："饥寒饱暖无人问，独自眠餐独自行。"

曼听公园占地约二万六千平方米，距今已有一千三百多年历史。原是傣王御花园，又称"春欢园"，傣语意为"灵魂之园"。传说傣王妃来此游玩时，为这里的美丽景色所深深吸引，似乎连灵魂也被摄受，于是取了这样一个富有诗意的名字。傣语中"曼"是村落的意思，"听"是栽种花木之意。曼听公园合起

（明）仇英《船人形图》

来理解就是：种满了树木花草的美丽灵魂之村落。

曼听公园之所以出名，还因为享誉东南亚的西双版纳总佛寺就位于公园里面，同属佛教文化区的还有白塔、八角亭和放生湖，堪称西双版纳佛教文化圣地。

大略游览了几处公园景点，我们一行来到通往总佛寺的小路，爬上一段陡峭石阶，首先映入眼帘的是白塔。映着夕照，塔身更显得庄严肃穆。礼拜罢，绕着

白塔走三圈，就到了总佛寺山门前。因为寺庙正在维修，周遭环境显得有些嘈杂和零乱。和东南亚南传佛教寺庙一样，总佛寺里面的建筑和装饰都具有强烈的上座部南传佛教特点，色彩鲜丽，雕饰繁复，寺角、穹顶、经塔等主要建筑都做成圆顶穹隆式样，充分融入傣族建筑元素，这也是南传佛教得以在当地流传和发展的原因之一。

大殿里供奉的佛陀也很特别：是由藤蔓编结的大型坐佛，造像庄严生动，富于南国色彩。两侧供奉着镏金佛菩萨圣像，并注明星期一至星期天七天中所应礼拜的佛像本尊，也很有特点。我脱掉布鞋，双掌合十，跪拜顶礼佛陀圣像。遥想长远劫之前，也曾这样顶礼膜拜，却始终未能获得解脱，依然在此五浊恶世间轮回，流浪生死，诚所谓“可怜悯者”。佛陀呵，今天，我一心顶礼，能为我摩顶说法么？

大殿外阳光依然强烈，游人们又是拍照、又是讲话、又是吃

东西，热闹无比。在大殿西北角，我忽然看见一所精致的木制阁楼，门楣上有“茶楼”字样，静静坐落在金碧辉煌的佛教建筑群中，充满诗意。我们一行游览了将近两个小时，又累又渴，正好可以到茶楼里饮茶休憩。

原来这家茶楼刚刚开业不久，一楼是营业厅，迎面一张宽广的原木茶台，茶橱里摆放着六大茶山茶品。二楼为茶室，尚未装修完毕，我们稍稍参观了一下，坐在茶台边饮茶。泡茶的小妹名叫小玉，傣族人，看上去善良而美丽。我们一边饮茶，一边向小玉询问总佛寺的一些情况。

小玉

和许多南传佛教寺庙一样，总佛寺平时也没有常住人员，僧人们都在禅林里坐禅清修，寺内仅有几名管理人员。总佛寺还有一所佛学院，目前也处于关闭状态。同行的朋友问小玉：你们这个茶楼又不针对游客，谁过来喝茶呢？小玉笑道：我们的总部设在公园一进门处，这里仅仅是招呼佛爷（当地人对寺庙长老的尊称）朋友们喝茶的地方，你们也算是远方来的贵客呢！我也笑道：下次我来版纳，还会过来喝茶。小玉也笑道：您下次来可以住在寺庙里，这里平时很安静，也可以经常过来喝茶。

喝完茶，和小玉道别，已经是下午五点多钟了。阳光亮丽，照耀着初冬的树木和花草，依然郁郁葱葱，充满生机。

此时的终南山该是一片白雪覆盖的茫茫景象了吧？山间茅舍，溪涧清流，以及散落在山间林下的茶台石凳，也都无人照料，一片荒芜景象，也在呼唤着行人尽早归来吧？

朋友从旁边走过来，问：马老师是不是想家了？

我淡淡一笑道：也许吧。

其实我们的家到底在哪里呢？长久劫以来，我们迷失在六道里，找不到回家的道路，哪里才是我们真正的家乡呢？

为什么要自寻烦恼呢？我在心里暗笑。人生不就是如此么，有什么值得执着的呢？

记得有位哲人曾经说过：遇到伤心的事情，不妨坐下来饮一小口酒，什么忧伤都会化解。

我回头对朋友说：我们今晚去喝酒。朋友惊讶道：马老师也能喝酒？我笑道：眼看人尽醉，何忍独为醒。酒和茶原本就不分家，都是忘忧之物。朋友也笑道：那好，我今晚带您到孟海最高的山顶上喝酒，我们不醉不归！

栂尾高山寺

高山寺位于京都西南栂尾山区，从京都站乘坐开往高雄的巴士，途径金阁寺、妙心寺、仁和寺，大约一个小时后就到了。因为路途遥远，车上游客到了金阁寺已经下去一大半，过了仁和寺就剩下寥寥几位了。现在是初夏时节，游人稀少，是我出行参访京都名寺庭院的好时节。

巴士最终在一个小站停下，小站旁是停车场，停放着几辆私家车，大概是前来参访的京都本地人吧，外地游客很少过来呢。马路对面是两三家喫茶店和料理店，因为游客稀少，生意看上去很冷清。高山寺参道入口就在车站旁山脚下，山道很窄，由山石叠砌而成，山道旁偶尔会有几株茶树苗露出绿油油的枝叶，点缀在布满苔藓蕨草的山石间，看上去充满生机。

这些都是荣西和尚从中国带回来的茶籽的后裔，弥足珍贵!

公元1187年（日本文治三年、南宋淳熙十四年）四月，日本禅僧荣西和尚第二次入宋，他由日本渡海出发，到达临安（杭州）。他这次出海原本计划经由南宋转赴印度求法，却因战乱未能如愿，最终辗转至浙江天台山，依止万年寺虚庵怀敞禅师修

《明慧上人树上坐禅图》

习禅法，这一切大概也是上天的有意安排吧，特意要让他留在大宋。怀敞禅师为临济宗黄龙派第八代嫡孙，在当时有很高声誉，荣西在虚庵座下日夜参究，两年后终于悟入禅宗心要，并得虚庵印可。公元1191年，荣西向虚庵怀敞禅师辞行，虚庵授予他菩萨戒及法衣、印书、钵、坐具、宝瓶、拄杖、白拂等法物，以及禅宗二十八祖图，并嘱咐他归国后弘扬临济宗禅法，使临济法脉在东瀛散枝开叶，正法久传。荣西禅师于当年七月中旬搭乘宋人商船返归故土，并将天台山茶籽带回日本。荣西返回日本后将茶籽分种于平户、肥前、博多等地，同时还将剩余的茶籽盛放在柿形茶罐里，送给好友京都梅尾高山寺明惠上人。明惠上人收到茶籽后十分感动，这可是从大宋传来的珍贵茶籽呢，他将茶籽种植在高山寺旁，浇水除草，希望日后能成就一片茶园。

荣西和尚此后受到镰仓幕府第三代将军源实朝支持，在京都建立首个禅宗道场——建仁寺，并任建仁寺主持。他在弘扬临济宗禅法的同时，也大力宣扬南宋禅宗寺院的点茶礼法，很快就在京都产生了巨大影响。建历元年（1211），荣西撰《吃茶养生记》一书，建保二年（1215），源实朝将军患热病，宿酒不醒，年近古稀的荣西和尚亲献茶汤，并进《吃茶养生记》一书，源实朝将军病体得愈。建保三年夏天，荣西和尚示现微疾，午后安详迁化，世寿七十五，法腊六十三。荣西和尚被后人誉为日本茶圣，《吃茶养生记》一书则奠定了日本茶道的基础。

时光在佛陀的法音中缓缓流淌，十年之后，处于京都西南偏远山区的那些来自南宋的茶籽已经在梅尾山生根发芽，成

柿形茶入

长为一片茂密的茶园。梅尾山也称梅山，梅是梅的异体字。高山寺茶园的成功种植，不仅得益于梅山优越的自然环境，更得益于明惠上人苦修佛法的秘意加持。充足的阳光和雨水只是外缘，内在的慈悲和坚韧才是内因。茶不仅用来解渴涤烦、治病养生，还可用来供佛、布施、助禅。只有时刻关注着众生痛苦和福祉的修行之人，才能真正懂得茶汤的真味，懂得茶道修习的秘意。

高山寺茶园越来越茂盛，如同明惠上人的梦境一样，充满光明和慈悲。大约一百七十六年之后，高山寺茶株被分植宇治，为宇治最早之茶园。两个世纪之后，茶道在日本普及开来，但茶人们依然尊称梅山茶为“本茶”，其他地方的茶则称为“非茶”，以示珍重和不忘初衷。一直到了江户后期，宇治茶则称园开采的头春茶，首先要供奉在明惠上人像前，用来答谢上人的加持和恩情。

走过蜿蜒参道，迎面是一块高大石碑，上面写着“史迹高山寺境内”七个楷体大字，再往前是一所茶亭，走过一段长长的山道，就来到石水院前。石水院是当年明惠上人常住处，也是高山寺国宝级重要文物。高山寺原本为神护寺别院，有感于明惠上人苦行，后鸟羽天皇于建永元年（1206）将别院赐予明惠上人，并书“日出先照高山之寺”，这是高山寺之名的来历，一直延续至今。

石水院门庭很小，低矮的瓦檐覆盖着古旧的门柱，左边挂着“国宝石水院”门匾，右侧挂着“栂尾高山寺”门匾，木底黑字，看上去朴素简洁。入得门来，一条短短的小径通往寝殿入口。我们购买了参观券，经过茶室前一道木板桥，就来到本堂前。堂前依然悬挂着鸟羽上皇所赐“日出先照高山之寺”匾

栂尾高山寺山门

石水院

额，正堂里间床之间挂着《明惠上人树上坐禅图》挂轴，左侧供奉佛眼佛母塑像，右侧则放置上人在世时的小宠物——镰仓时期著名雕刻师运庆所雕小犬仔。堂前是一道长长的木廊，游人可以坐在长廊木地板上观看对面山色。每年到了秋季，远山叠翠，红叶染霜，举目四望，美不胜收。现在是初夏时节，浓密的绿色覆盖着远山、溪流，景色同样让人陶醉。绕过长廊，一侧放置着善财童子木制雕像，一侧是著名的《鸟兽人物戏画》展厅。长廊下是庭院，石灯笼、井户上布满绿苔，幽深而静谧。

茶室位于入口左侧，床之间挂一幅题有“至宝者道心也”字样的一行物挂轴，青瓷花觚里插两枝白玉紫阳花，旁边也放置一只黑色小犬仔雕像。茶室外是一条浅浅的溪流，游鱼在溪流里自在游动，映衬着回廊曲径，檐角花枝，充满生趣。

石水院并不大，但自中世纪以来这里曾是华严宗和真言宗的讲学之地，高山寺因此也被称为治学之寺。受明惠上人个人影响，高山寺僧众很多都是著名画家，寺内曾珍藏包括国宝、重要文化遗产在内的一万二千件寺宝，其中《鸟兽人物戏画》为鸟羽僧正觉猷所绘，被称为日本漫画开山之作。《明惠上人树上坐禅图》为上人弟子惠日坊成忍所作。画面中，树枝上挂有香炉及佛珠，草履放在树根旁；山林里小鸟鸣叫飞行，一只萌萌的小松鼠从枝间探出头来，露出圆圆的眼睛。上人端坐于赤松之上，潜心修习。画幅上有上人题偈："高山寺楞伽山中，绳牀树定心石。

茶汤供养

高山寺茶园

拟凡僧坐禅之影，写愚形安禅堂壁。”

明惠上人是荣西和尚坚定的追随者，他也曾计划经由南宋转赴印度求法，但终生未成行。据日本江户时期卖茶翁高游外所著《梅山种茶谱略》记载，明惠上人曾亲自煎茶，这是日本最早有关煮茶的记载。月海元昭禅师，号高游外，人称卖茶翁，江户佐贺县人，生于一六七五年，八十九岁辞世，为日本煎茶道中兴之祖。日本延享四年（1747），卖茶翁品尝到了梅山茶，他在文中记载：“今兹五月，某院主以手制新茶相惠，得以品尝极品梅山茶。其色香滋味独出他茶之上，可称为扶桑最上乘之茶”，并描绘梅尾山说："梅尾大小高低不同，颇与武夷山风致相仿佛。"可见直至江户后期，梅山茶依然驰名日本，卖茶翁将梅山茶与武夷茶相并列，可谓赞誉有加。

公元一二三二年，明惠上人在高山寺安然坐化，世寿六十岁，戒腊五一夏。明惠上人辞世后数百年间，日本先后形成了以宋代禅宗寺院煎点茶礼仪道为核心的抹茶道、以明代烹茶道为核心的煎茶道，一直流传至今。而这一切的源头便是高山寺茶园的成功种植。高山寺石水院茶园旁矗立着一块石碑，上面写着：日本最古之茶园，前来探访的茶人来自世界各地，每年秋季还会在这里举行献茶仪式，以感恩明惠上人带给世人的恩泽。

我今天出行携带有茶器茶粉，端坐在《明惠上人树上坐禅图》挂轴下，亲手为上人供奉一盏茶汤。初夏的风从堂外吹来，带着满山的清凉和芬芳，似乎能听到小鸟的鸣叫和松鼠吱吱的叫声。

醍醐寺赏樱

每到樱花季，京都巷陌河川一片绯红。枝垂樱首先开放，一些年代久远的大型枝垂樱会占满半亩庭园，看上去十分壮观。然后是山樱、染井吉野樱、大岛樱以及团簇绯红的八重樱竞相开放，各自争奇斗艳，装点春色。大岛樱以朵大素白取胜，山樱以繁密舒展取胜，染井吉野樱则以“群体优势”取胜：忽如一夜春风来，千树万树梨花开，成百上千株染井吉野樱同时开放，让人叹为奇观。还有一种阳光樱属于新品种，枝干短削，花朵娇艳，开起来也很美丽。值此花事佳节，本就喜欢热闹的京都人自然不甘落伍，往往全家人出动，或者邀约五六好友外出，讲究的会穿着节日盛装，在樱花树下设席围坐，吃便当，饮酒，赏樱，成为京都樱花季一道亮丽风景，让前来游赏的外地人称羡不已。

今年因为天气寒冷的缘故，花期比往年稍晚一些，说起来很急人呢。唐代诗人杨巨源《城东早春》诗写道：“诗家清景在新春，绿柳才黄半未匀。若待上林华似锦，出门俱是看花人。”赏樱人看重的其实未必是樱花盛开时的壮丽景象，而是欣赏它从含苞、初放、绽放、盛开到飘零的过程。樱花的生命只有短短一个

《醍醐寺赏花诗笺》

多星期，所以日本民间有“樱花七日”的谚语。对于樱花而言，一天就相当于一岁，每一天都有着独特的风雅神姿，值得赏花人前往探访欣赏。

京都赏樱名所很多，大概有银阁寺、平安神宫、京都御苑、二条城、建仁寺、仁和寺等，稍远的岚山、醍醐寺也是赏樱佳处。距离我的住所最近的是鸭川两岸，每到樱花盛开时灿若云霞，随着河水延绵数十里，不但视野开阔，而且可以在樱花树下围坐，没有景点那么多的限制，最为快意。

去年秋天曾和移居京都的纯道兄相约去醍醐寺赏红叶，后因事务所阻未能如愿。今春与他再次约定四月四号前往醍醐寺赏樱，在樱花树下铺设茶席，煎水点茶，想来也是极为风雅之事。

四月三号晚上突降飞雪，早上推窗望去，比叡山上雪雾迷茫，屋顶、花园、道路也积起一层薄雪，这可是百年难得一遇的“樱花雪”呢。简单梳洗过，披上一件厚外套就匆匆出门，到东茶院对岸的高野川赏雪观樱。春寒料峭，风雪飞舞，高野川两岸樱花在雪雾中傲然挺立，似乎在向春雪宣战：春天是属于樱花的，我们不会屈服！雪片在樱花枝头渐渐堆积，包裹着樱花苞蕊，冰雪封裹之下，透露出浅红娇白。我不觉感慨：原以为婀娜娇艳的樱花竟有这样的坚强性格，宁可醉伏于和风，绝不肯屈服于风雪！颇有着“贫贱不能移、威武不能屈”的君子风范！风雪很快就停歇

醍醐寺水畔之樱

醍醐寺樱花茶会

了，阳光普照，残雪消融，樱花在阳光下展枝敷花，争芳吐艳，似乎开得更加艳丽了。“不是一番寒彻骨，怎得樱花扑鼻香！”这句描写梅花傲骨的诗词用来形容樱花雪也很适宜呢。

醍醐寺（英文名Daigoji Temple）位于京都伏见区醍醐山下，分为上下两个区域，占地约二百万坪。醍醐寺创建于平安时代初期，系由空海大师法孙圣宝理源开山，后得到醍醐天皇尊崇，历代不断扩建，最终形成现今规模，是日本真言宗醍醐派总院。醍醐山原名笠取山，据说山上泉水甘甜如醍醐，圣宝法师于是以醍醐名山，并创建寺院。“醍醐”是佛教用词，本意指酥酪上凝结的油脂，用来形容佛法殊胜如同上乘醍醐，品尝后使人身心能得清凉。“醍醐灌顶”一词即源于此。

进入醍醐寺总门，一侧是三宝院，一侧是灵宝馆，再往前就是醍醐寺西大门——仁王门。三宝院是历代醍醐寺住持居住地，院里有葵之堂、秋草之堂和敕使之堂等许多历史建筑，院内有一座观赏式回游庭院，但游人只能在表书院内观赏庭院，徒生羡慕之情。三宝院最初由时任关白的丰臣秀吉所修建，庆长三年（1598）春，丰臣秀吉为举办赏樱大会（后世称为醍醐花见），特意从畿内移植了七百株樱花，参加这次宴会的有丰臣秀赖，正室北正所、侧室淀姬和三之丸等王公大臣和姬妾共一千三百余人，盛况空前。然而相比昔日的北野大茶会，此时的丰臣秀吉已是风烛残年，自觉时日无多，所以当日的醍醐花见被称为绝笔。

灵宝馆里收藏有六万多件文物，很多都是唐宋旧物，弥足珍贵。据说醍醐寺自建寺以来就有这样一条古训：但凡进入醍醐寺

醍醐寺樱花茶会

的文物，即使一片纸头也不能外流！所以灵宝馆里保存的唐宋文物应该不在少数，很值得观览。不过现在是樱花季，樱花是茶会的主角，真要欣赏灵宝馆历史文物，可以选择其他时间前来，今天的主要任务是观赏樱花呢。

樱花依然盛开，游人如云。沿着樱花盛开的参道再向东走，就看见仁王门了。仁王门由丰臣秀赖于庆长十年（1605）修建，看上去颇有气势。进入仁王门是一条狭长参路，两旁原本树木参天，如今只见一片狼藉。去年的那场大台风醍醐寺也未能幸免，参道两旁几百株巨大树木被连根拔起，更多的是横腰折断，景象颇为凄凉。此次醍醐寺赏樱茶会摄影师一十随行拍摄，他坚持要在仁王门参道给我和纯道兄拍合影，大概是要让我们的笑容来弥

补参道两旁的凄凉景象吧。走过参道，就来到下伽蓝区域，这里有金堂（国宝）、五重塔（国宝）、清泷宫、不动堂、祖师堂、观音堂、女人堂等多所建筑，茶会选在观音堂前进行。

观音堂不远处是弁天堂，堂前一池绿水，簇簇繁樱掩映着朱色虹桥，游人往来穿梭，望过去如在水中花蕊间行走。布置完茶席已经是正午时分了，刚开始时天色还有些阴沉，等布置好茶席，阳光正好倾洒而下，青翠苔地映着粉瓣樱枝，充满诗意。

首先点了一盏来自京都宇治的初昔抹茶，淡雅的滋味和香气衬托着早春繁樱和风，让人陶醉。今天还准备了一款老白茶，用

保温瓶闷泡约三十分钟出汤，可以直接击打出沫饽汤华，我将之称作茶汤点茶法，具体做法可参考《唐煎宋点在当代人文视野下的复兴与创新》一文（2016年11月24日南山流茶道公众号首次发布）。

正坐，行礼，折叠茶巾，抹拭茶碗、茶勺，虽然是户外茶会，茶道礼仪却不能打折扣。亮丽的阳光从殿宇樱花间洒落，柔风混合着早春的芬芳气息，沁人心脾。点茶用乌金建盏，茶垫使用一款印有樱花图案的布巾，恰好映照在乌金建盏上，恍若樱花釉水。温筅、熁盏、投茶、调膏、注汤、击拂，分茶后奉客，然后行礼、饮茶，在座诸人细细体味樱花季茶汤的清甘滋味。

观音堂前游人众多，茶席旁也挤满围观人群，这可是在醍醐寺举行的赏樱茶会呢，有着“醍醐花见”的韵味。围观人群虽然多，却很少有嘈杂声，只听见相机拍照的“咔咔”声。一阵清风掠过，樱花纷纷飘落，我拈起几片花瓣，投在茶盏里，粉红的樱花瓣点缀着雪乳茶汤，让人想起丰臣秀吉当日在三宝院内举办的醍醐花见茶会。

三宝院的那些古老樱花还在，斯人已去，空留追忆。据说当赏樱大会进行到一半的时候，秀吉忽然说了这样一句话：“要是千利休还活着的话……”公元1591年4月21日，樱花吹雪之时，丰臣秀吉下令千利休切腹自尽，一代茶匠就这样黯然离去，留给世人的是无限感慨和遗憾。七年之后樱花依然盛开，千利休早已化作尘土，已经走到人生尽头的丰臣秀吉此时说出这番意味深长的话，是在追忆昔日旧友？还是悔恨当初的草率决定？没有人能

拜访一乘寺

够知道。这年秋天8月18日，一代枭雄丰臣秀吉去世，也带走了这个永远的秘密。

纯道兄点茶时我吹响箫管，和着樱花吹雪，怀念那一春的醍醐之味。

织部流四头茶礼

走过神宫大道巨大的朱红鸟居，就来到平安神宫应天门前。现在是暮春时节，残樱飞舞，柳色弄晴，蓝天白云映衬下的平安神宫更加宏伟庄严。平成时代最后一次春季献茶仪式在平安神宫内拜殿举行。

平安神宫始建于公元1895年，为纪念桓武天皇迁都平安京1100周年而修建，距今只有短短的125年历史。和京都其他古老神社相比，平安神宫显得很“年轻”。然而在京都人心目中，平安神宫却代表着京都历史文化新起点，是京都人的精神支柱，这是京都其他历史悠久的古老神社诸如伏见稻荷大社、八阪神社、上贺茂神社、下鸭神社、贵船神社等所无法比拟的。

庆应四年（1868）9月，日本改元明治，同年10月日本天皇抵达首都江户，并改江户名称为东京，由此开启了日本近代史新篇章。这是自平安迁都以来京都首次不再作为日本首都，保守而骄傲的京都人心理上无疑遭受到巨大打击。为此很多京都人士开始行动，借着平安迁都1100周年之际，建造了新京都的象征——平安神宫，我们在巨大的鸟居建筑上就能感受到

藏于日本京都大德寺的《五百罗汉图》（局部）

《五百罗汉图》特写

这种强烈的心理诉求。鸟居通常设于通向神社的大道上，一般为原木色，是神域与人类居住地之间的一种结界，代表神域入口。平安神宫鸟居高24.4米，宽33米，通体采用钢材建构，表面涂朱红大漆，是京都最大的“鸟居”，伫立在庆流桥和平安神宫应天门之间，气象庄严宏伟。这大概也是京都人聊以缅怀历史的一种委婉方式吧。

为了再现当年京都宏伟气象，平安神宫采用中国唐宋建筑风格，将当时象征平安京皇宫的官厅中心——朝堂院建筑规模缩小三分之二后复原修建，正殿大极殿位于神宫中央，是日本最大的拜殿，里面供奉着桓武天皇和孝明天皇——京都第一位和最后一位天皇。大极殿前是宽阔的白石庭院，露天手洗所呈六角形，方

黑乐茶碗

鬲式香炉

平安神宫茶会

便游客沐手；左侧有一株巨大的枝垂樱，称作“左近之樱”，据说已有数百年历史。两边为神乐殿和额殿，后面为内拜殿。内拜殿左右两侧分别为白虎殿和苍龙殿，这也是中国唐宋时期建筑的主要格局。

半个月前我收到北山会社李雯社长邀请，一起参加平安神宫春季献茶仪式。此次献茶仪式由扶桑织部流负责，李社长一直在学习织部流茶道，知道我在京都教授中华传统茶道，而此次茶会中有一场关于宋代四头茶礼的展示，于是邀请我和西闻茶友一起参加。我们一行三人在神乐殿前受付处领了茶会贵宾券，然后前往内拜殿参加献茶仪式。

献茶仪式进行了将近一个小时，先由神官人员进献祭祀品，然后读诵祭献词，其间奏雅乐，

平安神宫茶会

供香花，场面肃穆庄严。接下来由织部流家元献茶，最后由几位主要嘉宾进献香花。神官人员位于左侧，献茶人员位于右侧，中间为拜殿神道，位置分明。献茶仪式上点茶用真台子，放置在榻榻米铺设的长台上，点茶手法也和平时有区别。据说台子点茶来自宋代禅寺，在日本属于“奥传”级，只有在神社献茶仪式上以及传给下任家元时才用到，平时并不对外展示。

献茶仪式结束，嘉宾们来到平安神苑，接下来的两场茶会在神苑内举行。我们先去神苑会馆点心席用午斋，然后游园，等待参加茶会。茶会期间要喝好几碗茶汤呢，需要预先补充食物。

神苑环绕平安神宫而修筑，拥有三个池塘和四座庭园，面积约三万平方米，是京都池泉回游式庭园的代表作。中神苑以苍龙池为中心，池上铺设的石墩汀步桥来自三条、五条中世纪大桥石基，称作卧龙桥，环池岸边种满了燕子花，初夏花开时十分美丽。西神苑中心是白虎池，旁边有一道迂回长远的溪流，可用来做曲水流觞雅集。南神苑有著名的八重红枝垂樱，还种植了二百多种植物，如紫苑、繁缕、佛坐、御形、露草、双叶葵等，这些植物大部分都曾出现在诸如《枕草子》《源氏物语》《伊势物语》《徒然草》《古今和歌集》这些日本著名文学作品中，每种植物旁都注明出处，观赏起来十分有趣。

平安神宫茶会

东神苑中心是栖凤池，泰平阁东西向横跨池上，长廊两边设长椅，游人可以坐在长廊上欣赏风景。栖凤池南邻神宫会馆，北通苍龙池，沿池周种植着樱花、红枫、松树和梅花树。樱花未落，枫叶成荫，衬托着佶屈青翠的巨大松枝，景色清幽开阔。泰平阁也称桥殿，是从京都御所迁移过来的。坐在桥殿长廊上向外望去，一边是敕使馆，一边是贵宾馆，下午的两场茶会分别在那里举行。

贵宾馆又称尚美馆，据说也是从京都御所迁移过来的，原本是一所书院式茶室，用来招待贵宾。茶室外有几株巨大的枝垂樱开得正盛，前来参加茶会的女士们身着传统和服，在樱花树下围

坐、拍照，留下暮春美好时光。我们预约茶会的时间到了，来到贵宾馆玄关外，脱下鞋子，换上干净白袜，在待合室静坐等待。来之前李社长曾对我说织部流茶道在京都只是一个小流派，人员很少。但今天前来参加茶会的有200多人，看来古田织部的影响还在呢。

我个人十分喜欢织部流茶道，古田重然的茶器我几乎都收集了，从茶碗、茶釜、风炉到敷板、怀石料理具等，只要遇到我都

会收集。在利休七哲中，古田重然是唯一对利休茶道进行改革的人，特别是织部茶碗，大胆的设色以及夸张的造型，在当时就引起强烈震撼，这或许和他的武士大名出身有关吧。古田重然一改利休柔和内敛、沉稳纤细的茶道风格，转而追求一种自由奔放、雄健明朗的茶道境界。继利休之后古田重然先后担任过丰臣秀吉和德川秀忠的茶头，成为天下第一茶人。然而同样的厄运也降临在他身上：公元1615年，丰臣秀吉家族覆灭之后，古田重然突然被德川家康以谋逆罪论处，一个月后切腹自尽，结束了他七十年的茶路历程。

坐在贵宾馆待合室里，我一边欣赏窗外景色，一边回想古田织部生平，心中充满感慨。一代枭雄如织田信长、丰臣秀吉、德川家康早已化作尘土，攻略杀伐的战国时代也已成为历

史云烟，然而由千利休、古田重然、山上宗二保留下来的茶道还继续存在，成为影响日本人至深的重要文化遗产。从中国古代著名茶人皎然禅师、陆羽、卢仝、赵州和尚、蔡襄、苏轼到日本历代茶匠，这些先贤们坚守了茶道精神和茶人尊严，虽然他们中有许多人生前曾遭受劫难，甚至牺牲了个人生命，但茶道——这一影响全

人类历史文明的宝贵遗产被保留下来了，成为东方传统文化中一颗璀璨的明珠。

贵宾馆茶会是“付席”，茶室很宽广，可以同时容纳十八人参加茶会。今天茶会席主是宫崎榛虹小姐，一位来自欧洲的女茶人。床之间悬挂的是古田织部亲笔书状，插花是一株白色牡丹，含苞待放，用古铜尊式花器；香器为蝶贝香合，形制古雅。首席客人和席主礼貌寒暄后，茶会正式开始。奉茶点，然后点茶、奉

茶，客人饮茶、欣赏茶盏，织部流茶道礼仪和当下流行的日本茶道并无太多区别。我想，这些一成不变的茶道礼仪看似简单雷同，然而正因为历代茶人的坚守，才能够将六百年前的茶道礼仪完整保留下来，使我们得以看见当时茶道的原貌。

敕使馆茶会是“拜服席”，来自宋代的四头茶礼将在这里举行。待合处墙正面悬挂着南宋周季常、林庭珪绘制的《五百罗汉图》，描绘的是宋代禅寺点茶场景：四位老僧端坐在禅榻上，特

为人正在注汤点茶。《五百罗汉图》原作保留在大德寺，这里悬挂的是复制品。据说四头茶礼是明治初年京都清水寺禅僧按照《五百罗汉图》中点茶场景复兴的，此后建仁寺、东福寺相继效仿，使宋代禅寺点茶仪式得以重现。早年我曾参加过东福寺、建仁寺四头茶礼，印象深刻，今天织部流的四头茶礼同样让人期待。

平安神宫茶会

床之间悬挂的是清水寺住持所书“敬天爱人”挂轴，插花也是白牡丹，竹笼花器，菊花纹贝壳香合。茶会主持人简单介绍点茶仪式后，四位织部流男弟子端着长方形茶版左右而出，茶版上放置着盏托、茶盏和茶点，客人行礼，取下茶盘，食用茶点。四人手持汤瓶、茶筅再次出场，左手持汤瓶，右手执茶筅，先给客人茶碗里注汤，然后用茶筅击拂，以出沫饽汤华。客人饮茶罢，四人端茶版再次出场，收盏，行礼，四头茶礼完成。相比较建仁寺和东福寺，今天织部流展示的四头茶礼更为本色，也更接近南宋时期禅寺吃茶礼仪。

考之唐宋时期禅宗清规，禅寺重要职务均由禅僧担任，称作某某头，如茶头、水头、火头、菜头、园头、浴头等，有十八头的说法。唐宋以来清规典籍记载的茶汤仪式很多，诸如“堂头煎点”“主持和尚煎点”“结夏煎点”等，但并无四头茶礼的记载。保留到今天的所谓四头茶礼，可能是当年京都禅僧对《五百罗汉图》中宋代禅寺点茶场景的一种解读，或许与历史事实不合。此外，原《五百罗汉图》每幅画出现的禅僧均以五人为主，这幅点茶图也不例外。四位禅僧在中央，下面的一块山石后一位老僧正和侍者交谈，似乎在吩咐什么事情。

宋代宗赜禅师编纂的《禅苑清规》是继《百丈清规》之后最为完备的一部禅宗行人守则，其“堂头煎点”一章完整记述了北宋时期禅宗寺院堂头和尚的茶汤礼仪，我们引用部分文字，以作对比：

> 侍者夜参或粥前禀覆堂头，来日或斋后合为某人特为煎点，斋前提举行者，准备汤瓶（换水烧汤）、盏橐茶盘（打洗光洁）、香花坐位、茶药照牌煞茶。诸事已办，仔细请客。于所请客躬身问讯云，堂头斋后特为某人点茶，闻鼓声请赴，问讯而退。礼须矜庄，不得与人戏笑（或特为煎汤，亦于隔夜或斋前禀覆，斋后提举行者准备盏橐煎点，并同前式。请辞云，今晚放参后，堂头特为某人煎汤）。

可以看出，宋代禅寺茶汤礼仪是禅僧修习中的重要事件，点茶器具、点茶仪轨、吃茶药、主客问答等都有详细规定，不能随意为之。可以说这不仅是茶道的来源，也是“茶禅一味”的来源。历代茶人所谓的“茶道出自禅宗”，可谓言之有据。

茶会结束后织部流家元尾崎米柏先生和夫人亲自在门口相送，我们合影留念，并相约互相往来吃茶，以弘扬东亚茶道文化。

后　话

日日是好日

“日日是好日”典出《云门匡真禅师广录》，《碧岩录》也有记载。“十五日已前不问汝，十五日已后道将一句来！自代云：‘日日是好日。’”（《碧岩录》第六则）“日日是好日”字面意思似乎很好理解，是说每天都是好日子，但其中蕴含的禅理却很深奥。所谓禅，不离当下，就在每日生活日用中。而所谓禅修，就是从日常生活中去修习、去觉悟、去获得圆满。禅修如是，茶禅修习也是如此。对于一个有志于茶禅修习的人来说，哪一天不是好日子呢？

宋代无门慧开禅师《无门关》进一步发挥说：“春有百花秋有月，夏有凉风冬有雪。若无闲事挂心头，便是人间好时节。”我们生活在这个世间，不如意事常有八九，如果连这尚且如意的“一二事”也不去珍惜，那就完全错了。“春有百花秋有月，夏有凉风冬有雪”，无论阴晴雨晦，也无论花开花落，始终保持内心如如不动，也就处之安然了。没有尘世细琐之事挂在心头，日日以煎水瀹茗为功课，以修养道德为追求，怎么能不快乐呢？修习是人生最高享受，使生命过程得到圆满，人格尊严得到升华，这就是“人间好时节”。

即使在逆境、困境中，也要保持乐观的态度。孔老夫子弟子颜回，家境贫寒，但他将全副身心都用在进德修业上。孔夫子称赞说：“贤哉回也！一箪食，一瓢饮，在陋巷，人不堪其忧，回也不改其乐。贤哉回也！”（《论语·雍也第六》）颜回生活穷困，居

（明）文徵明《品茶图轴》

（明）仇英《竹院品古图》

所简陋寒伧。这样的生存状况一般人是难以忍受的，而颜回却能够坦然面对，以进德修业为首务，因此得到夫子的赞许。

宋朝大文士苏轼被贬黄州之后，并未因官场失意而消沉。月明星稀之夜，他和友人驾一叶扁舟，赏江上之清风，咏山间之明月；烹苦茗，吟洞箫，以尽秋夜之欢愉。人生苦短，如蜉蝣寄世；又若沧海一粟，渺小落寞，何苦为那些身外之物而自寻烦忧呢？“白露横江，水光接天。纵一苇之所如，凌万顷之茫然。浩浩乎如冯虚御风，而不知其所止；飘飘乎如遗世独立，羽化而登仙。”（苏轼《赤壁赋》）人世兴衰，季节交替，原本都有一定的道理，不因人类意志而更改。正如隋末永明延寿禅师《山居诗》所吟诵的：“旷然不被兴亡坠，豁尔难教宠辱惊。鼓角城遥无伺候，轮蹄路绝免逢迎。暖眠纸帐茅堂密，稳坐蒲团石面平。只有此途为上策，更无余事可关情。”饥来吃饭，渴时饮茶，心怀至道，随缘度日，在季节更迭和人世变幻中完成生命轮回，了无牵挂。春花秋月，冬雪夏风，原本就是生命的一部分，物我两忘，空了无痕，又有什么事情可萦绕怀抱呢？

唐代幽州盘山宝积禅师，有天途经一个集市，听到屠夫和秀才一段对话：店家，精肉割一斤来！屠夫放下屠刀，叉手道：秀才，哪一块不是精的？禅师当即就开悟了。他从屠夫“哪一块不是精的”这句话中，体悟到了“是法平等、无有高下，是名阿耨多罗三藐三菩提”（《金刚般若波罗蜜经》）的真实意味，因而就开悟了。这就是从实际生活中领悟。

一个有信仰的人，一个有责任有担当的人，他的志向一定是

趺坐吟箫

宏大的，一定不会计较个人得失。正如范文正公所说的：“不以物喜，不以己悲。居庙堂之高，则忧其民。处江湖之远，则忧其君。是进亦忧，退亦忧，然则何时而乐耶？其必曰：先天下之忧而忧，后天下之乐而乐。”（范仲淹《岳阳楼记》）我们真的有了这样的怀抱，才可以说“日日是好日”了，因为你的心已经与天地、与社会、与芸芸众生联系在一起了，每天都有做不完的事情，怎么会有时间去烦恼和忧愁呢？《论语》“学而”篇说：“学而时习之，不亦说乎？有朋自远方来，不亦乐乎？”时时刻刻都是快乐啊，所有的快乐之中，读书最乐。通过读诵古圣先贤著作，来提高自己道德学养，进德修业，圆满此生，这是多么快乐的一件事情啊！

我们现在提倡茶禅慢生活，这是一种能够使人获得身心安定的方法，也是最契合现代人心性的方法。我们所处的这个时代，生活节奏快，信息量大，使人心易产生烦恼，真正说到身心安定，很不容易啊。古往今来，每个时代的有识之士都在寻找能使身心获得安稳的方法，这就是修行。古代禅堂打禅七，就是当时最好的方法。现代人打禅七效果如何呢？可以说收效甚微。打禅七好比是药，药只有对应疾病症状才有疗效。我们用古代“打禅七”这个药方来治疗现代人的身心疾病，当然不能相应，因为不对症。所以现代人修禅少有成功的，就是因为时代变了，风气变了，人心难得安定，最多修个“口头禅”而已，没有实际意义。

山中鼓琴

因为你的身体虽然坐在那里，心却没有真正安定下来，还在向外驰求，这样绝对不会有成就。

十多年前我开始修禅，躲在终南山里，但打闲岔的人还是很多，更有山民、游客前来骚扰，浅山藏不住，只能将茅棚往深山里移，所谓："刚被世人知去处，又移茅舍入深居。"（唐代大梅法常禅师诗偈）但即使移到了深山里，依然不得清静。后来我就说了："最安静的地方其实不在深山，而是在自己的精舍里。"我们这个末法时期，有时真的很无奈，深山里都不得安静，大家没事都喜欢往山里跑，一些住在山里的人也喜欢和居士们"结法缘"，搞得很热闹。那怎么办？你们跑到山里去了，我却回到城市精舍里来了，你们始终找不到我！现在的精舍都在小区里，进门有门卫，单元房还有一道门卡，精舍也有门卡，有了这三道"关隘"，外人很难进入，确实比山里清静多了。所以今后的茶禅修习，就在城市精舍里，就在家庭茶室里，通过煎水烹茗，通过静坐参禅，使身心真正安定下来。

从2018年开始，我因为身体原因，来到日本京都比叡山下修筑茶室茶庭，禅居静修。京都这个地方很适宜禅修——不仅环境优美、生活便利，而且不会受到外人任何打搅或干扰，因为都是私家园林，外人未经允许是不得进入的。所以我经常对朋友说：如果真要禅修就来京都吧，只要你能耐得住寂寞！

茶禅修习，除了在静舍、草庵用功，还要通过世事的磨炼，使心性沉淀，最终得以豁然领悟，这个也很重要。我们看古代禅

（明）唐寅《红叶题诗仕女图》

只是吃茶

僧，大部分时间其实不是在参禅，而是在做事情，叫做“农禅并重”。禅宗为什么会流传到现在还没有消亡呢？说实在的，这和禅宗提倡的“农禅并重”有很大关系。过去禅堂都建在山林里，远离尘世以减少纷扰，禅僧大部分时间都在劳作。过去的禅寺丛林规模很大，祖师道场往往都有三五百人常住，这么多人住在山里，吃饭是个大问题，怎么办？自己耕种，自给自足，这就是“农禅并重”的缘起。唐代的时候，江西百丈怀海禅师有个“一日不做一日不食”的公案流布丛林，也与此有关。

日日是好日。我们通过茶道修习来直达禅宗境界，直入白露地。我们提出“茶禅慢生活”的生活理念，就是要达到这样一个目的。中国唐宋时期的禅宗和茶道后来东渡日本，经过日本茶人五六百年坚持不懈的修习体验，终于有所成就，也使得我们深信：禅修确实可以由茶道入门。日本茶道修习一直有个传统：历代家元先要参禅，在禅宗寺庙里修习，依止某一位禅师，再由禅师赐予法号，得到印可后才有资格进行茶道修习。例如珠光在一休宗纯禅师会下参禅，他给一休禅师点了一碗茶汤，一休却没有接，而是问他：是什么？珠光回答不出来，一休就挥起拐杖，将茶碗打碎。珠光此时恍然大悟，回答道：“柳暗花明！”由此得到一休印可，自此在京都结草庵进行茶道修习。武野邵鸥、千利休，都是先到禅寺里修习三年，得到印可后才开始茶道修习。

茶禅慢生活很适宜我们现代人心性，是当前社会环境下进行禅修的一个方便法门；是重新认识世界、认识社会、认识人生、认识生命的新途径。以茶入禅，茶禅不二，禅茶互参，达到茶禅

只是吃茶

一味的真如境地。此时茶即是禅，禅即是茶，茶禅一味，禅净一如，达到圆满无碍的茶禅境界。

日日是好日。让我们在茶禅慢生活中澡雪精神，完善自我生命价值和人格尊严。